李家疃

古建筑群保护与研究

◎ 山东省古建筑保护研究院 编著

山东大学出版社

图书在版编目(CIP)数据

李家疃古建筑群保护与研究/山东省古建筑保护研究
院编著.—济南:山东大学出版社,2018.12
ISBN 978-7-5607-5964-7

Ⅰ.①李… Ⅱ.①山… Ⅲ.①古建筑–保护–研究–
淄博 Ⅳ.①TU-87

中国版本图书馆 CIP 数据核字(2018)第 289663 号

责任编辑:陈　珊
封面设计:张　荔

出版发行:山东大学出版社
社　　址　山东省济南市山大南路 20 号
邮　　编　250100
电　　话　市场部(0531)88363008
经　　销:新华书店
印　　刷:济南华林彩印有限公司
规　　格:880 毫米×1230 毫米　1/16
　　　　　24 印张　232 千字
版　　次:2018 年 12 月第 1 版
印　　次:2018 年 12 月第 1 次印刷
定　　价:200.00 元

序言

　　李家疃村隶属于淄博市周村区王村镇，地处济南、淄博、滨州三市交汇处，是国家级传统村落，其古建筑群被山东省人民政府公布为第四批省级文物保护单位，具有文物保护单位和传统村落的双重属性，也是我省"乡村记忆"工程试点项目之一。近年来，国家、省、市文物部门在政策、资金方面给予倾斜，省文物局先后批复《李家疃村传统村落文物保护工程总体方案》《李家疃明清建筑群沿街立面整治及道路铺装设计方案》《李家疃明清建筑群—淑仁门、淑仕门、淑信门、淑佺门修缮保护方案》《李家疃明清建筑群—悦循门、淑侚门、夙纲府、怀隐园修缮保护方案》等4期项目，实施了基础设施改造、立面整治、古建筑修复、乡村博物馆建设、旅游设施建设等工程项目，大大提升了村落环境、古建筑保存状况，带动了旅游业发展，提高了村民收入。这次编辑出版的《李家疃古建筑群保护与研究》全面阐述了李家疃村的发展演变，分析了其古建筑群保护与研究价值、建筑形制，梳理了文物建筑的病害类型及成因，并提出了有针对性的保护对策。本书是在多年保护工作基础上的总结及拓展研究，将为全面科学认识李家疃古建筑群提供第一手资料。

　　"乡村记忆"工程是我省实施乡村振兴战略的重要举措。在省委、省政府的大力支持下，省文物局会同有关部门在全省范围内实施"乡村记忆"工程，九部门联合下发了《山东省人民政府关于实施"乡村记忆"工程的意见》，出台了《山东省"乡村记忆"工程技术导则》《山东省"乡村记忆"博物馆建设指南》等技术标准文本。以"整体保护，环境提升，活化遗产，共生多赢"为指导原则，确定了"乡村记忆"工程传统文化乡镇、村落（街区）、传统民居、乡村（社区）博物馆、民俗节庆、非物质文化遗产技艺等 6 种类型的具体标准，公布了第一批 300 个全省"乡村记忆"工程文化遗产名单，包括传统文化乡镇 7 个，传统文化村落、街区 171 个，传统民居 66 个，乡村（社区）博物馆（传习所）56 个。在全省城镇化和新农村建设快速推进中，传统乡土建筑群落、历史街区及其风貌、原真淳朴的人文环境得到保护，非物质文化遗产保护传承、"乡村记忆"博物馆建设、基础设施、生态环境、防灾减灾能力得到提升，经济与文化得到协调发展。李家疃村就是我省实施"乡村记忆"工程的一个典型代表。

习近平总书记指出，乡村振兴是一盘大棋，要沿着正确方向把这盘大棋走好。"百里不同风，十里不同俗。"农村情况千差万别，全国如此，一省也如此。要科学把握各地差异和特点，精准施策、分类推进，不搞一刀切，不搞统一模式。要注重地域特色，体现乡土风情，特别要保护好传统村落、民族村寨、传统建筑，以多样化为美，打造各具特色的现代版"富春山居图"。

立足当下，深感文物保护责任重大，面对未来，文物保护面临着前所未有的机遇，我们将勇抓机遇、勇担责任，进一步在全省范围实施乡村文化遗产保护工作，不断提升文化遗产保护水平，弘扬传承中华优秀传统文化。

周晓波

2018 年 10 月

目录

第一章 概 述

李家疃村区位条件优越，交通方便，便于人们开展生产生活活动。村子周边山水环绕，气候四季分明，适宜人居，适合农作物生长。丰富的自然资源为村民提供了充足的生产生活原料，使李家疃村民能够经世累代繁衍生息。

一、自然地理条件

李家疃村位于山东省中部，原隶属于淄博市淄川区，1970年8月至今隶属于淄博市周村区王村镇（王村人民公社），地处济南、淄博、滨州三市交汇处，素有"淄博西大门"之称。东距淄博市政府驻地张店28千米，距周村区18千米，距王村镇2000米；西与济南章丘市台头村接壤，距章丘14千米，距济南64千米；南与淄博市淄川区巩家坞村接壤；北与滨州市邹平县临池镇接壤。地理坐标北纬36°39′42″、东经117°41′36″，海拔185米。

村子地处泰蒙山系北麓，为新生代新四系地层覆盖。村域范围内是丘陵与平原的结合地貌，南高北低，东高西低，属丘陵向平原过渡的地带，覆盖厚度不等。村子大致分为低山丘陵区、岭下平地区两种地貌类型；中部偏西有部分丘间泾地，平地面积占村域总面积的70%，其他类型地貌面积占村域总面积的30%。村域东部是豹山、豹山塘坝；村域西部是林地和青阳河，青阳河对岸是凤凰山；村域南部有部分低山岭坡，地势南高北低，有利于灌溉农田；村域北部是农田和工业用地，居住建筑用地集中在309国道南侧。

图 1-1　李家疃村周边地形地貌航拍

　　李家疃村属暖温带大陆性季风气候，春季气候干燥，多风少雨；夏季高温多雨，气候潮湿；秋季天高气爽，昼夜温差较大；冬季雪少干冷，低温时间较长。村域年平均温度 13.1℃，极端最高气温 41.1℃（1960 年 6 月 21 日），极端最低温度 -26.8℃（1985 年 12 月 8 日）。年平均降水量 646 毫米，年平均日照数 2548 小时，全年主导风向为西南风。初霜最早出现在 10 月 5 日，终霜最晚出现在 5 月 3 日。初雪日最早出现在 11 月上旬，最晚出现在次年 1 月上旬，有"大雪不封地，不过三二日"的谚语；终雪日最早出现在 1 月下旬，最晚出现在 4 月下旬，有"清明断雪，谷雨断霜"的谚语。历年平均相对湿度为 70%。年平均风速为 2.2 米/秒，8 级以上大风平均每年出现 5 天。村域内无原生植被，现有植被以农作物为主，约占全村总面积的 36.2%，其余多为次生稀疏乔木、灌木丛和草本植物群落。全村林木覆盖率为 35%。

二、人口及产业状况

元朝末年，战乱频繁，人口削减。明初至清末，随着移民的不断迁入，李家疃村的人口逐渐增加。中华人民共和国成立后，社会安定，人口逐年上升。改革开放后，经济快速发展，生活水平显著提高，人口数量持续增长。截至 2016 年底，全村有 298 户、913 人、61 个姓氏，其中王姓有 450 人，占全村总人口的 49.29%。

明清时期，李家疃村的经济亦农亦商，农业主要种植玉米、地瓜、高粱、小麦等作物，家庭养殖马、驴、牛等大牲畜和猪、羊、狗、鸡等家畜、家禽。明朝初期，村内酿造、榨油、糕点、打铁等作坊和各种手工业开始发展繁荣，王氏家族逐步开始经营布匹、丝绸茶庄、钱庄、当铺等。清乾隆年间，村逐步发展到兼营收购各地的土特产、名产品。民国时期，村内铁、石、木、泥水"四匠"，磨、油、粉、豆腐"四坊"及棉织、皮革等手工业作坊众多，其中酿酒、盐业较为兴盛。中华人民共和国成立后，李家疃村集体经济逐步发展起来；20 世纪 50 年代初，村民开始开采耐火黏土、煅烧耐火砖，并逐渐发展成为村里的支柱产业。

三、李家疃村概况

李家疃村为第五批中国历史文化名村、第一批中国传统村落。村域总面积为 92.07 公顷，村庄占地面积为 16.87 公顷，耕地面积为 56.67 公顷，其他山地、水域等面积 18.53 公顷。

李家疃古建筑群以西门街、南北大街为轴线构成"品"字形三大住宅区，现存院落 21 座，明清古建筑有 161 处。村落保留有完整的山水格局、传统街巷。五音戏、民间舞狮、踩高跷、李家疃大集等非物质文化遗产深受村民喜爱，直到今天仍与当地村民的生产生活密切相连。

图 1-2 李家疃村鸟瞰全景

第二章　发展演变

据村碑和有关资料记载，李家疃村因李姓村民最早居住，故名"李家疃"。又相传唐初李世民为清除隋朝旧部，率军经过并于此地休整十余天。为鼓舞士气，感谢当地百姓支持，李世民在此召开军民大会，阅兵点将，并以皇姓赐名"李家疃"。

一、发展过程

李家疃村虽为李姓最早居住，但有历史记载的最早定居于此的家族为唐氏。据《淄川县忠信乡唐氏族谱》记载："一世迁南坡始祖正（唐正），唐氏世为淄西青龙山东李家疃人，疃东唐家山山南，唐氏石屋固在也。"

元大德年间（1297～1307年），唐氏迁居李家疃村，成为最早定居李家疃村的家族。唐氏族谱中记载的唐氏石屋遗址现仍存于李家疃村南青阳河东岸。唐氏之后，曹氏于明洪武二年（1369年）、王氏于明洪武三年（1370年）相继自河北枣强迁入李家疃村。虽各家族不断迁徙，李家疃村名却从未改变，一直沿用。随着村落的不断发展，影响最大的为王氏一族，并繁衍至今。

《王氏族谱》载：

> 始祖王三老原籍直隶正定府冀州枣强县，自明洪武三年奉旨迁徙与山东济南府淄川县城西，青龙山之左，豹山之右，村名李家疃，此地三山拱秀，溪水环绕，遂卜居于此。卒后葬於青龙山左腋，至今为祖茔。云公失讳行居三，乡人以齿德俱尊称为老者，故号曰"三老"，赋性醇厚，治家俭朴，时当乱离，习农事不暇诗书。

　　王氏迁居李家疃村后,一方面勤俭治家、后代攻读诗书,自四世王宾起科甲连绵。明清时期,王氏家族共出进士4人、举人5人、武解元1人、武亚元1人、贡生11人、太学监生29人、庠生62人。另一方面,王氏经商贸易有道、财源茂盛,不断置地建屋,成为名门望族。王氏六世王豹经商致富,置办田产500亩,被称"巨富"。清乾隆年间(1736~1795年),王氏家族经营有"隆"字号、"元"字号绸缎、棉布、茶庄、钱庄等。

　　康熙年间王氏发展到第十、十一世。此时村中赌博成风,李家疃村成了有名的赌博村,很多人因此家破人亡、远走他乡。对于李家疃当时的状况,蒲松龄在康熙二十八年(1689年)的《颂张邑侯德政序》中有详细记载:

　　　　夫人不瞻城郭,不知山村之小也;不沾德教,未觉习俗之非也。今始知流俗尽然,夜郎王无足笑矣。李家疃,邑西鄙村也。疃去邑远,礼义之教,目不得见,耳亦罕所得闻,以故人多为桀骛。或家有十斛麦,便易新宽博,以意气加乡人,更不信青山外仍有尔许天也。渐染既深,至有蒲博游荡。置翁媪冻饿而不之恤者,父诏焉,或裂眦争;兄勉焉,则奋臂起矣。或言南面者能桎梏人,若以为老翁之欺我也者,地又接壤于章,黠者辄相习为诈;其朴懦者,章之囊隶豪强,皆得过而蹂躏之。由此里益坏,为择邻者所不足。习俗至此,亦不知阅几官宰矣,人亦狃于固然,而卒未之稍改。自我侯莅任以来,顽民始见雷霆,良民始沾阴雨,而又闻操行之清介,听断之明决,皆村中八十叟所未尝见也。天下有灼肌骨而不知痛,摩肤革而不知痒者哉?此必非人也而可矣。迩来奸人改行,而良懦安其生,荡子归农,而父老得其养,竟居然仁里矣。夫岂弟之及人,固遍于百里,而疃人之沾化,尤甚于他村。因而悔者欲泣,感者腾欢,即数十年未践市城者,皆欲匍匐堂下,一瞻神君仪来,归而述及妻子以为厚幸。一念之愚诚,实不能以自昧,而要之鸟鸣虫唧,何足以宣天地之春秋哉!

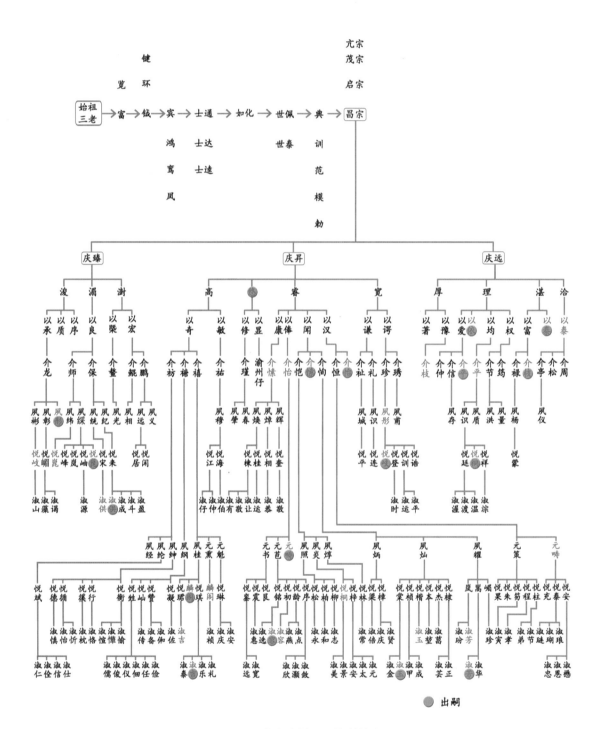

图 2-1　李家疃村王氏族谱简表

在王氏家族因赌博日渐走向衰落时，十世王庆昇严教子孙禁赌、刻苦攻读，其子孙多有功名。直至十二世王以奇时，家族开始再度走向辉煌，以奇与三子介祊、介禟、介禧开办钱庄、经商致富，陆续购买了近半个村的宅地。李家疃古建筑群中现存大部分院落都为王以奇及其后人所建。

清咸丰三年（1853 年），王以奇之孙十四世王凤绅的五子王悦衡被周边辛庄、张庄等 6 个村庄的百姓推举为团练首领，修建村庄圩墙以御匪乱。圩墙于咸丰九年（1859 年）建成。

1949 年后，村庄内部危旧房屋得以翻建、改造。1995 年，村东部进行旧村改造；2000 年以后，村庄继续向东扩张，新建了 5 栋 4 层居民楼房，共安置村民 120 户，形成以东部新村为居住中心的格局。

二、建置沿革

李家疃村历史悠久，古代属淄川县之地。

明洪武九年（1376 年），淄川县改称“淄川州”，李家疃村属之。

明洪武十年（1377 年），改淄川州为“淄川县”，隶属济南府，李家疃村属之。

清乾隆八年（1743 年），隶属淄川县正西乡。

辛亥革命后，废府设道，淄川县隶属济南道，李家疃村属之。

1928 年撤道，淄川县直属山东省。

1930 年，隶属淄川县第六区。

1947 年，隶属淄川县冲山区。

1948 年 3 月，李家疃村解放。

1949 年 10 月后，先后隶属淄川县第六区、冲山区苏辛乡。

1953 年，隶属淄川县第六区。

1955 年，撤销淄川县建制，李家疃村隶属杨寨区王村办事处。

1956 年，隶属淄川区王村乡。

1958 年，隶属淄川区王村人民公社。

1970 年 8 月，王村人民公社由淄川区划归周村区，李家疃村隶属周村区王村人民公社。

1982 年，王村人民公社改为王村镇，李家疃村属之，至 2018 年未变。

三、管理沿革

1997 年 6 月，武亚元古建筑群被淄博市人民政府公布为市级重点文物保护单位。

2006 年 6 月，李家疃明清建筑群被淄博市人民政府公布为市级重点文物保护单位。

2010 年 12 月，住房城乡建设部、国家文物局建规〔2010〕150 号文件公布李家疃村为第五批中国历史文化名村。

2012 年 12 月，住房和城乡建设部、文化部、财政部建村〔2012〕189 号文件公布李家疃村为第一批中国传统村落。

2013 年 10 月，山东省人民政府鲁政字〔2013〕204 号文件公布李家疃古建筑群为第四批省级文物保护单位。

图 2-2　保护标志碑

第三章 构成研究

李家疃古建筑群位于传统村落核心区域。由于李家疃村是古建筑群存在的基础，因此对古建筑群的构成进行研究，不能仅仅限于古建筑群及街巷本身，还包括李家疃村的周边环境、村内其他建构筑物及非物质文化遗产等。

一、总体构成

李家疃古建筑群所在的传统村落核心区域街巷纵横交错，主要建筑及院落沿街巷两侧分布。

（一）街巷布局

现存传统街巷包括西门街、南北大街、牌坊街、酒店胡同、盐店胡同等；整体以西门街、南北大街为核心，牌坊街、酒店胡同、盐店胡同以及各宅院间的小道相互连通，形成李家疃古建筑群内部的道路格局。

南北大街长 200 米，南起牌坊街，北至西门街，为李家疃古建筑群的主要街巷。南北大街北端与西门街交叉处自古习称"湾口"，原有一自然水湾，水畔摆放太湖石、元宝石、石桌凳等，现已被填平，新建房屋。西门街长 500 米，东起南门街，西至西岗子街，是贯穿李家疃古建筑群东西方向的主要街道，原为方整石铺设路面。西门街中段原有介褆妻王氏节孝坊，20 世纪 60 年代被拆除。牌坊街长 60 米，东起南门街，西至南北大街，因清嘉庆年间王悦斌奉旨在此为母夙纶妻于氏建立节孝牌坊，故名。

图 3-1 李家疃核心区航拍

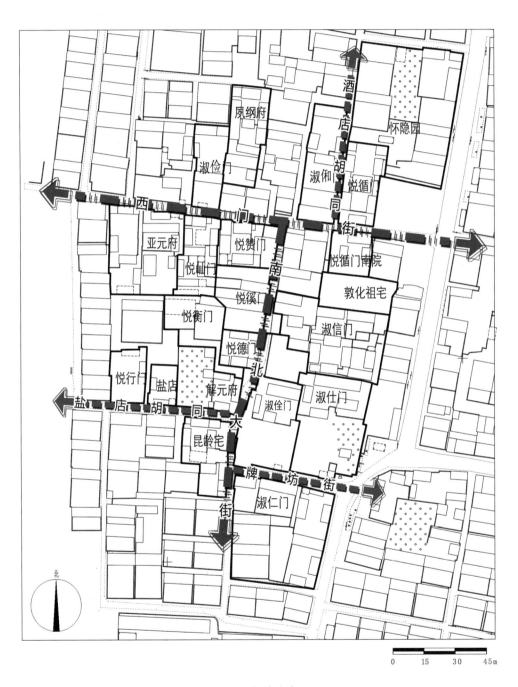

图 3-2　街巷分布图

酒店胡同长 100 米，南起西门街，北至牛角园，是王氏庄园中的内巷。李家疃村王家酿酒有几百年历史，用传统工艺酿制白酒、黄酒、食醋、酱油，主供府中使用，也销往外地。因酿酒、设酒店卖酒，故此巷被称为"酒店胡同"。盐店胡同长 100 米，东起南北大街，西至西岗子街。因李家疃村王家经营官盐，仓库建在此街并开店卖盐，故将此街命为"盐店胡同"。后来，王家在此街开设当铺，又将该街叫作"当铺街"。

（二）院落构成

对"庭"的解释，《玉海》曰："堂下至门，谓之庭。"《词海》曰："庭，堂阶前也。"《广雅·释宝》曰："院，垣也。"《增韵》"有墙垣曰院"。《中国大百科全书·园林卷》中解释为："建筑物前后左右或被建筑物包围的场地统称为庭或庭院。"《辞源》中对院落的定义为："院落：庭院。"因此，院落即庭院，是由墙垣或建筑物围合的供人们居住、活动的空间，一般由主体建筑、围墙、影壁等围合要素和必要的活动空间组成。李家疃村习惯把包含有庭院的宅第称为"门"，再加上建造宅子主人的名字称为"某某门"；也有称为"庄""府""寺""园""宅"的，后人习惯把主人血缘关系较近的院落一起描述，如"九门一庄""四府一寺"等。"九门一庄""八门一府一园""四府一寺"三组院落是李家疃古建筑群现存主要院落组合，分别归王氏家族十二世王以奇的三个儿子所有。"九门一庄"为王以奇长子王介祊住宅的总称，"九门"传至十四、十五代，指王凤绅五个儿子和王悦斌四个儿子的九处宅院。其中王凤绅五个儿子的宅院合称为"五大门"，分别为悦德门、悦循门、悦徯门、悦行门、悦衡门；王悦斌四个儿子的宅院合称为"四大门"，分别为淑仁门、淑佺门、淑信门、淑仕门。"一庄"为介祊府的大花园，名"文石山庄"。文石山庄内又分南、北两园：南园与五大门宅院相连是府中后花园，又叫"怀隐园"；北园叫"文石园"。

"八门一府一园"为王以奇二子王介褥住宅的总称。传至十六世，"八门"指淑俊门、淑佃门、淑传门北宅、淑传门南宅，淑备门，淑任门、淑俭门、淑俐门；"一府"指武亚元府；"一园"指牛角园。

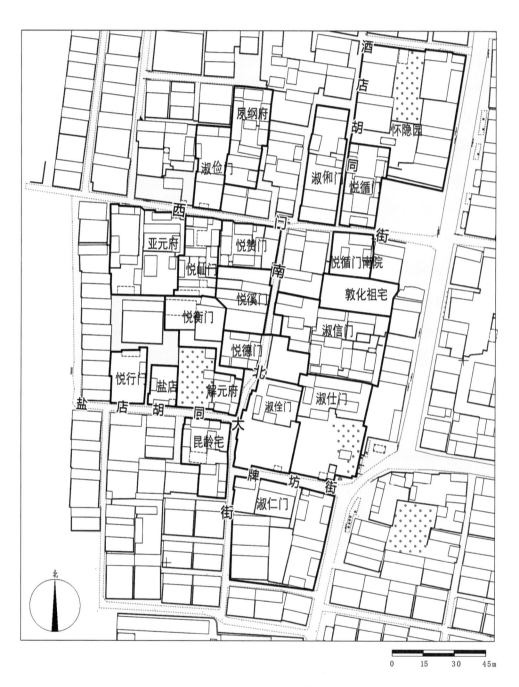

图 3-3　李家疃古建筑群院落分布图

"四府一寺"是王以奇三子王介禧住宅的总称。"四府"指介禧府、夙桂府、解元府、元魁府；"一寺"指南寺，即王介禧府设计建造的南花园。

现存传统院落 21 座，分别为"九门一庄"中的悦德门、悦循门、悦徯门、悦行门、悦衡门、淑仁门、淑佺门、淑信门、淑仕门、文石山庄，"八门一府一园"中的淑俌门、淑俭门、亚元府，"四府一寺"中的解元府，以及悦赞门、悦岫门、敦化祖宅、昆龄宅、盐店、夙纲府、悦循南院等其他院落。

二、重点院落和典型建筑

李家疃古建筑群中的单独院落采用典型的北方传统民居四合院平面布局，院落规模为一至三进院不等。现存 21 座院落中，悦德门、悦行门、悦衡门、淑仁门、文石山庄中的怀隐园、解元府、盐店、昆龄宅、悦循门南院、敦化祖宅、悦赞门 11 处院落为一进院，悦循门、淑佺门、淑仕门、淑俭门、悦岫门、亚元府、淑信门 7 处院落为二进院，悦徯门、淑俌门、夙纲府 3 处院落为三进院。

文物建筑为砖石或砖木石结构，木构架有抬梁式和叉手梁式，屋顶形式有尖山式硬山顶和卷棚式硬山顶，瓦面有干槎瓦和仰合瓦两种做法。正脊、垂脊多为花瓦脊。花瓦样式有砂锅套、短银锭、筒瓦锁链、鱼鳞图案等。部分建筑如悦循门大门采用雕花正脊、垂脊，其余屋脊亦有小式清水脊、鞍子脊的做法。墙体砌筑方式少量为碎砖墙、土坯墙；大部分建筑一般做法为方整石砌筑下碱、青砖砌筑上身。青砖墙体分为淌白墙和糙砌两种做法，部分建筑青砖墙带有软墙心，墙心为碎砖墙。封护檐做法有菱角檐、灯笼檐、抽屉檐、直檐。门为木质双扇平开板门，部分门两侧带有余塞板。窗有直棂窗、冰裂纹圆窗和方格圆窗，主要位于前后檐墙及山墙等部位。一些建筑前檐处设横披或倒挂楣子，下装花牙子。建筑高度多为单层，仅悦衡门正房和夙纲府二进院正房、三进院正房 3 处建筑为二层。

（一）九门一庄

1. 悦德门

王凤绅长子悦德府第。坐落于南北大街中段，坐西向东，南北长 17.94 米，东西宽 19.79 米，总占地面积 355.03 平方米。大门正对着影壁墙，大门左右各有一小门，向右通往三弟悦溪宅，向左进入四合院。院中东、西、南、北分别分布有客房、正房、南北厢房，西南角有一小门通往五弟悦衡宅。现存大门、倒座、南房、北厢房、正房耳房 5 座建筑，总建筑面积为 144.93 平方米。

2. 悦循门

王凤绅次子悦循府第。坐落于西门街东首街北，坐北向南，包括前、后两个四合院，南北长 41.26 米，东西宽 20.62 米，总占地面积 850.78 平方米。通过大门、二门进入前四合院，正房坐北朝南，东西分布有厢房；经二门进入后四合院，院内有正房和东西厢房；后院有一小侧门通往怀隐园。悦循门保存较完整，一进院现存大门、二门、正房、正房耳房、西厢房、西厢房耳房、东厢房、东厢房耳房、倒座 9 座建筑；二进院现存正房、正房西耳房、正房东耳房、西厢房、西厢房北耳房、西厢房南耳房、东厢房、东厢房耳房 8 座建筑。两进院共存 17 座建筑，总建筑面积为 428.96 平方米。

一进院大门位于西门街北侧，坐北向南。面阔一间，通面阔 2.84 米，进深一间，通进深 3.70 米，建筑面积为 10.51 平方米。建筑檐高 4.56 米，总高为 6.82 米。尖山式硬山顶，干槎瓦屋面。正脊为雕花脊，雕花图案为双龙戏珠，正脊安装望兽两端有升起；垂脊为雕花脊，垂脊兽前有三跑兽。五根檩条两端均支承在墙体上，檩条上铺方椽。墙体下碱和墙心为方整石砌筑，上身为青砖砌筑。室内墙面上身白灰抹面，下碱为整石砌筑；室内地面为青砖地面。前檐设双扇平开板门；檐檩下面设横披，横披设倒挂楣子，下装花牙子。前檐门前设两阶踏跺。

图3-4　悦循门总平面图

一进院二门位于悦循门大门北侧，坐北向南。面阔一间，通面阔 3.34 米，进深一间，通进深 2.51 米，建筑面积为 8.38 平方米。建筑檐高 3.44 米，总高为 4.92 米。尖山式硬山顶，干槎瓦屋面。正脊为花瓦脊，花瓦样式为套砂锅套，正脊两端有升起，带望兽；垂脊为花瓦脊，花瓦样式为砂锅套；铃铛排山。两根檩条两端均支承在墙体上，檩条上铺方椽。墙体封护檐为菱角檐，下碱为方整石砌筑，上身为青砖砌筑。室内墙面上身白灰抹面，下碱为清水墙面；室内地面为青砖地面。前檐设双扇平开板门，设倒挂楣子。前檐门前设一阶踏跺。

一进院正房位于悦循门二门北侧，坐北向南。面阔三间，通面阔 10.00 米，进深三间，通进深 8.07 米，建筑面积为 80.70 平方米。建筑檐高 3.94 米，总高为 7.68 米。尖山式硬山顶，干槎瓦屋面。正脊为雕花脊，正脊安装望兽两端有升起；垂脊为雕花脊，铃铛排山。二栿五檩抬梁式木构架，8 个抱头梁，共 15 根檩条，檩条上铺方椽。前檐墙墙体下碱为方整石砌筑，上身青砖墙体；后檐墙封护檐为灯笼檐，墙体下碱为方整石砌筑，上身青砖墙体。东山墙墙体上身青砖砌筑，墙心和下碱均为方整石砌筑；西山墙与耳房山墙共用。室内下碱为清水墙面，上身白灰抹面；室内地面为青砖地面。前、后檐设双扇平开板门，板门上设有门亮子；隔墙留有门框。前檐墙设平开四扇格栅窗 2 处；后檐墙设直棂窗 2 处，设倒挂楣子及花牙子。前檐门前设两阶垂带踏跺，后檐门前设有月台，月台前设三阶踏跺。

一进院正房耳房位于悦循门正房西侧，坐北向南。面阔二间，通面阔 4.58 米，进深一间，通进深 5.49 米，建筑面积为 25.14 平方米。建筑檐高 3.76 米，总高为 6.38 米。尖山式硬山顶，干槎瓦屋面。正脊为雕花脊，正脊西端安装望兽；垂脊为雕花脊；铃铛排山。一栿五檩抬梁式木构架，共 6 根檩条，檩条上铺方椽。前、后檐墙封护檐为菱角檐。墙体上身青砖砌筑，下碱为方整石砌筑。西山墙墙体上身青砖砌筑，墙心和下碱均为方整石砌筑；东山墙与正房山墙共用。室内下碱为清水墙面，上身白灰抹面；室内地面为青砖地面。后檐设双扇平开板门，板门上设有门亮子；后檐西开间设直棂窗，西山墙设高圆窗。后檐门前设一阶踏跺。

一进院西厢房位于悦循门一进院西侧，坐西向东。面阔三间，通面阔 8.80 米，进深一间，通进深 4.68 米，建筑面积为 41.18 平方米。建筑檐高 3.87 米，总高为 6.28 米。尖山式硬山顶，干槎瓦屋面。正脊为花瓦脊，花瓦样式为套砂锅套；垂脊为花瓦脊，花瓦样式为套砂锅套；铃铛排山。二榀五檩抬梁式木构架，共 9 根檩条，檩条上铺方椽。前檐墙封护檐为灯笼檐，墙体下碱为方整石砌筑，上身青砖墙体；后檐墙封护檐为菱角檐，墙体上身青砖砌筑，墙心和下碱均为方整石砌筑。南山墙墙体上身青砖砌筑，墙心为乱石砌，下碱为方整石砌筑，北山墙与耳房山墙共用。室内下碱为清水墙面，上身白灰抹面；室内地面为青砖地面。前檐双扇平开板门，板门上设有门亮子；隔墙留有门框，前檐墙设直棂窗 2 处。前檐门前设二阶如意踏跺。

一进院西厢房耳房位于悦循门一进院西厢房北侧，坐西向东。面阔一间，通面阔 2.16 米，进深一间，通进深 3.49 米，建筑面积为 7.54 平方米。建筑檐高 3.26 米，总高为 5.12 米。尖山式硬山顶，仰合瓦屋面。正脊为花瓦脊，花瓦样式为短银锭，铃铛排山。一榀五檩抬梁式木构架，共 3 根檩条，檩条上铺方椽。前檐墙封护檐为菱角檐，墙体青砖砌筑；后檐墙封护檐为菱角檐，墙体上身青砖砌筑，墙心和下碱均为方整石砌筑。山墙墙体上身青砖砌筑，墙心为乱石砌，下碱为方整石砌筑。室内下碱为清水墙面，上身白灰抹面；室内地面为青砖地面。前檐设单扇平开板门、直棂高窗；后檐墙设直棂高窗。

一进院东厢房建筑形制同西厢房。东厢房南山墙嵌有影壁，影壁檐高 3.10 米，总高为 3.87 米。筒瓦板瓦屋面，正脊为花瓦脊，花瓦样式为短银锭，正脊两端各施跑兽一个，东、西两侧各有一条垂脊。墙体封护檐为灯笼檐，墙体上身青砖砌筑，下碱为青砖砌筑，台基为方整石。

一进院东厢房耳房位于悦循门一进院东厢房北侧，坐西向东。面阔一间，通面阔 2.58 米，进深一间，通进深 2.2 米，建筑面积为 8.1 平方米。建筑檐高 3.34 米，总高为 5.97 米。尖山式硬山顶，仰合瓦屋面。正脊为花瓦脊，花瓦样式为短银锭。一榀五檩抬梁式木构架，共 3 根檩条，檩条上铺方椽。前檐墙封护檐为菱角檐，墙体上身青砖砌筑，下碱为方整石砌筑；后檐墙封护檐为菱角檐。墙体上身青砖砌筑，墙心为软墙心，下碱为方整石砌筑。山墙墙体上身青砖砌筑，下碱为方整石砌筑。室内下碱为清水墙面，上身白灰抹面；室内地面为青砖地面。前檐单扇平开板门，前檐门上方设方格窗。

一进院倒座位于悦循门大门西侧，坐南向北。面阔三间，通面阔8.95米，进深一间，通进深4.22米，建筑面积为37.77平方米。建筑檐高4.00米，总高为6.33米。尖山式硬山顶，干槎瓦屋面。正脊为花瓦脊，花瓦样式为套砂锅套，正脊两端有升起，两端图样为蝎子尾；垂脊为花瓦脊，花瓦样式为砂锅套；铃铛排山。二槫五檩抬梁式木构架，共9根檩条，檩条上铺方椽。前檐墙封护檐为灯笼檐，墙体下碱为方整石砌筑，上身青砖墙体；后檐墙封护檐为灯笼檐，墙体上身和下碱均为方整石砌筑。西山墙墙体上身青砖砌筑，墙心和下碱均为方整石砌筑；东山墙与正房山墙共用。室内下碱为清水墙面，上身白灰抹面；室内地面为青砖地面。前檐双扇平开板门，板门上设有门亮子，前檐墙设直棂窗2处。前檐门前设三阶如意踏跺。

二进院正房位于悦循门二进院北侧，坐北向南。面阔三间，通面阔8.76米，进深一间，通进深4.23米，建筑面积为54.3平方米。建筑檐高3.70米，总高为6.19米。尖山式硬山顶，干槎瓦屋面。正脊为花瓦脊，花瓦样式为套砂锅套，正脊两端有升起，两端图样为蝎子尾；垂脊为花瓦脊，花瓦样式为砂锅套；铃铛排山。二槫五檩抬梁式木构架，共9根檩条，檩条上铺方椽。前檐墙封护檐为灯笼檐，墙体上身青砖砌筑，下碱为方整石砌筑；后檐墙封护檐为菱角檐，墙体上身青砖砌筑，墙心和下碱均为方整石砌筑。山墙墙体上身青砖砌筑，墙心为软墙心，下碱为方整石砌筑。东西山墙分别与东西耳房共用。室内下碱为清水墙面，上身白灰抹面；室内地面为青砖地面。前檐双扇平开板门，板门上设有门亮子；隔墙设门框，前檐墙设直棂窗2处。前檐门前设有月台，月台前设两阶如意踏跺。

二进院正房西耳房位于悦循门二进院正房西侧，坐北向南。面阔二间，通面阔4.09米，进深一间，通进深3.58米，建筑面积为22.3平方米。建筑檐高3.46米，总高为5.49米。尖山式硬山顶，干槎瓦屋面。正脊为花瓦脊，花瓦样式为套砂锅套，正脊两端有升起；垂脊为花瓦脊，花瓦样式为套砂锅套；铃铛排山。一槫五檩抬梁式木构架，共6根檩条，檩条上铺方椽。前檐墙封护檐为菱角檐，墙体上身青砖砌筑，下碱为方整石砌筑；后檐墙封护檐为菱角檐，墙体上身青砖砌筑，墙心和下碱均为方整石砌筑。西山墙墙体上身青砖砌筑，墙心和下碱均为方整石砌筑；东山墙与正房山墙共用。室内下碱为清水墙面，上身白灰抹面；室内地面为青砖地面。前檐双扇平开板门，板门上设有门亮子；前檐西开间设直棂窗；西山墙设高窗直棂窗。前檐门前设三阶如意踏跺。

　　二进院正房东耳房位于悦循门二进院正房东侧，坐北向南。面阔二间，通面阔5.45米，进深一间，通进深3.77米，建筑面积为29.9平方米。建筑檐高3.39米，总高为5.55米。尖山式硬山顶，干槎瓦屋面。正脊为花瓦脊，花瓦样式为套砂锅套，正脊两端有升起；垂脊为花瓦脊，花瓦样式为套砂锅套；铃铛排山。一榀五檩抬梁式木构架，共6根檩条，檩条上铺方椽。前檐墙封护檐为菱角檐，墙体上身青砖砌筑，下碱为方整石砌筑；后檐墙封护檐为菱角檐，墙体上身青砖砌筑，墙心和下碱均为方整石砌筑。东山墙墙体上身青砖砌筑，墙心为软墙心，石灰砂浆抹面，下碱为方整石砌筑。西山墙与正房山墙共用。室内下碱为清水墙面，上身白灰抹面；室内地面为青砖地面。前檐双扇平开板门，板门上设有门亮子，前檐墙设直棂窗2处。东山墙设高窗直棂窗。前檐门前设三阶如意踏跺。

　　二进院西厢房位于悦循门二进院西侧，坐西向东。面阔三间，通面阔7.27米，进深一间，通进深3.49米，建筑面积为37.6平方米。建筑檐高3.77米，总高为5.97米。尖山式硬山顶，干槎瓦屋面。正脊为花瓦脊，花瓦样式为短银锭，正脊两端有升起；垂脊为花瓦脊，花瓦样式为短银锭；铃铛排山。二榀五檩抬梁式木构架，共9根檩条，檩条上铺方椽。前檐墙封护檐为灯笼檐，墙体上身青砖砌筑，下碱为方整石砌筑；后檐墙封护檐为菱角檐，墙体上身青砖砌筑，墙心和下碱均为方整石砌筑；山墙墙体上身青砖砌筑，墙心为软墙心，下碱为方整石砌筑。室内下碱为清水墙面，上身白灰抹面；室内地面为青砖地面。前檐双扇平开板门，板门上设有门亮子；隔墙设门框，前檐墙设直棂窗2处。前檐门前设三阶如意踏跺。

　　二进院西厢房南耳房位于悦循门二进院西厢房南侧，坐西向东。面阔一间，通面阔2.72米，进深一间，通进深1.94米，建筑面积为6.9平方米。建筑檐高2.95米，总高为5.04米。尖山式硬山顶，仰合瓦屋面。正脊为花瓦脊，花瓦样式为短银锭，正脊两端有升起；垂脊为花瓦脊，花瓦样式为短银锭；铃铛排山。一榀五檩抬梁式木构架，共 4 根檩条，檩条上铺方椽。前檐墙墙体青砖砌筑；后檐墙封护檐为菱角檐，墙体上身青砖砌筑，墙心和下碱均为方整石砌筑。室内下碱为清水墙面，上身白灰抹面；室内地面为青砖地面。前檐双扇平开板门，板门上设有门亮子；西山墙设高窗直棂窗。

二进院西厢房北耳房位于悦循门二进院西厢房北侧，坐西向东。面阔一间，通面阔 2.15 米，进深一间，通进深 1.86 米，建筑面积为 5.93 平方米。建筑檐高 2.37 米，总高为 3.95 米。尖山式硬山顶，干槎瓦屋面。正脊为花瓦脊，花瓦样式为鱼鳞图案。2 根檩条直接支撑在墙体上，檩条上铺方椽。前檐墙墙体上身青砖砌筑，下碱为方整石砌筑；后檐墙墙体上身青砖砌筑，墙心和下碱均为方整石砌筑。室内下碱为清水墙面，上身白灰抹面；室内地面为青砖地面。前檐单扇平开板门，前檐墙北侧设直棂窗；前檐门前设两阶踏跺。

二进院东厢房位于悦循门二进院东侧，坐东向西。面阔三间，通面阔 7.27 米，进深一间，通进深 3.49 米，建筑面积为 37.6 平方米。建筑檐高 3.77 米，总高为 5.97 米。尖山式硬山顶，干槎瓦屋面。正脊为花瓦脊，花瓦样式为短银锭，正脊两端有升起；垂脊为花瓦脊，花瓦样式为短银锭；铃铛排山。二榀五檩抬梁式木构架，共 9 根檩条，檩条上铺方椽。前檐墙封护檐为灯笼檐，墙体上身青砖砌筑，下碱为方整石砌筑；后檐墙封护檐为菱角檐，墙体上身青砖砌筑，墙心为软墙心，下碱为方整石砌筑。山墙墙体上身青砖砌筑，墙心为软墙心，下碱为方整石砌筑。室内下碱为清水墙面，上身白灰抹面；室内地面为青砖地面。前檐双扇平开板门，板门上设有门亮子；隔墙设门框，前檐墙设直棂窗 2 处；后檐墙设直棂窗 1 处。前檐门前设三阶如意踏跺。

二进院东厢房耳房位于悦循门二进院东厢房南侧，坐东向西。面阔三间，通面阔 7.74 米，进深一间，通进深 3.63 米，建筑面积为 29.5 平方米。建筑檐高 3.87 米，总高为 6.29 米。尖山式硬山顶，干槎瓦屋面。正脊为花瓦脊，花瓦样式为套砂锅套；垂脊为花瓦脊，花瓦样式为套砂锅套；铃铛排山。二榀五檩抬梁式木构架，共 15 根檩条，檩条上铺苇箔。前檐墙封护檐为菱角檐，墙体上身青砖砌筑，下碱为方整石砌筑；后檐墙封护檐为菱角檐，墙体上身青砖砌筑，墙心为软墙心，下碱为方整石砌筑。山墙墙体上身青砖砌筑，墙心为软墙心，下碱为方整石砌筑。室内下碱为清水墙面，上身白灰抹面；室内地面为青砖地面。前檐设双扇平开板门，板门上设有门亮子；明间和南次间之间设门，只有门过梁，无门板，无门框；前檐墙设直棂窗2处，后檐墙设直棂窗1处。前檐门前设二阶如意踏跺。

3. 悦徯门

王夙绅三子悦徯府第。坐落于南北大街中段西，坐北向南，包括前后三进院落——一进院位于最南侧，一进院北侧为二进院，三进院位于二进院西侧，南北长16.85米，东西宽26.14米，总占地面积为440.46平方米。大门左右有门，左侧小门向南通往悦德府，向西通入后院。通过右门进入一进院；穿过一进院、通过二门进入二进院，院内分布南北屋，北屋为正房；西北侧设后门通向三进院，院内分布有北房、南房及西厢房。现存一进院院门、二进院院门、二进院倒座、二进院北房、三进院北房、三进院南房、三进院南房耳房、三进院西厢房、三进院西厢房耳房9座建筑，总建筑面积为229.47平方米。

4. 悦行门

王夙绅四子悦行府第。坐落于盐店胡同西首街北，坐北向南，南北长25.75米，东西宽17.55米，总占地面积为451.91平方米。院落为典型四合院布局，现存大门、东厢房、东厢房耳房、西厢房、正房5座建筑，总建筑面积为146.99平方米。

5. 悦衡门

王夙绅五子悦衡府第。坐落于南北大街中段街西，大门朝东，正房坐北向南，南北长20.55米，东西宽16.89米，总占地面积为347.09平方米。现存院门、东厢房、西厢房、正房4座建筑，总建筑面积为141.68平方米。

6. 淑仁门

王悦斌长子淑仁府第。坐落于牌坊街东首南侧，坐北向南，包括东、西两院——西院为主院、东院为配院，南北长17.47米，东西宽23.60米，总占地面积为412.29平方米。西院建筑已全部拆改为新建建筑，现存的文物建筑集中分布于东院，包括大门、随墙门、倒座、东厢房、西厢房，总建筑面积为134.00平方米。

7. 淑佺门

王悦斌次子淑佺府第。坐落于牌坊街西首街北，坐北朝南，南北长 25.36 米，东西宽 27.85 米，总占地面积为 706.28 平方米。原建筑大多数已不复存在，现仅存文物建筑为大门，建筑面积为 12.9 平方米。

8. 淑信门

王悦斌三子淑信府第。坐落于南北大街中段东侧、中心大街西侧，包括一进院、二进院、东跨院三个院落。一进院紧邻南北大街，大门坐东朝西；二进院位于一进院东侧，院内正房坐北朝南；东跨院位于二进院东南侧，坐西朝东，大门紧邻中心大街，南北长 30.85 米，东西宽 53.80 米，总占地面积为 1659.73 平方米。现存文物建筑包括一进院大门、一进院倒座、二进院院门、二进院正房及耳房、二进院西厢房、东跨院大门、东跨院二门、东跨院正房及耳房、东跨院北厢房、东跨院南厢房及耳房、东跨院倒座共 11 座建筑，总建筑面积为 396.89 平方米。

9. 淑仕门

王悦斌四子淑仕府第。坐落于牌坊街东首北侧，坐北朝南，包括一进院和二进院，南北长 49.38 米，东西宽 33.21 米，总占地面积为 1639.91 平方米。一进院现仅存现存房屋基址，现存文物建筑主要分布二进院内。包括大门、大门门房、地窖、二进院院门、倒座，随墙门、正房及耳房、东厢房、西厢房及院落围墙，共 10 座建筑，总建筑面积为 260.82 平方米。

10. 文石山庄

现仅存怀隐园，位于悦循门北，坐南朝北，平面布局为长方形，南北长 35.27 米，东西宽 17.36 米，总占地面积为 612.46 平方米。现存大门、二门、建筑 1、假山 4 座建构筑物，总建筑面积为 70.47 平方米。

（二）八门一府一园

现存淑徊门、淑俭门、亚元府。

1. 淑徊门

淑徊门坐落于西门街东段北侧，酒店胡同西侧，坐北向南。平面布局为长方形，包括三进院落，南北长 43.03 米，东西宽 18.20 米，总占地面积为 783.16 平方米。现存大门、院门、正房、西厢房、东厢房、倒座、二进院正房、二进院西厢房、三进院正房、三进院西厢房、三进院东厢房、门共 12 座建筑，总建筑面积为 455.29 平方米。

2. 淑俭门

淑俭门坐落于西门街中段街北，坐北向南。平面布局为长方形，包括两进院落，南北长 41.40 米，东西宽 18.11 米，总占地面积为 749.75 平方米。现存大门、门房、一进院倒座、一进院东厢房、一进院西厢房、一进院正房、一进院正房耳房、二进院院门、二进院随墙门、二进院二门、二进院倒座、二进院东厢房、二进院东厢房耳房、二进院西厢房、二进院正房、二进院正房耳房、车门共 17 座建筑，总建筑面积为 397.48 平方米。

3. 亚元府

王氏家谱载："悦凝：配张氏生子一（淑佐），公字观成，号冠英，清同治六年（1867 年）科武亚元，候选营千总。例授武略骑尉。"因王悦凝为武亚元，故其府第称为亚元府。亚元府坐落于西门街中段街南，坐北向南，平面布局为长方形，包括两进院落，南北长 41.84 米，东西宽 21.40 米，总占地面积为 895.38 平方米。现存大门、门房、一进院倒座、二进院院门、二进院东厢房、二进院西厢房、二进院佛堂共 7 座建筑，总建筑面积为 177.64 平方米。

（三）四府一寺

现仅存解元府，为王介禧次子王元熏的府第。王元熏配宫氏，嗣子麟阁；王麟阁清道光十二年（1832 年）恩科武解元，故该府被称为"武解元府"。坐落于盐店胡同东首北侧，原有前、后、左、右 4 个四合院相连贯通，现仅存正房及正房耳房 2 座建筑，总建筑面积 43.27 平方米。

（四）其他院落

1. 悦赞门

悦赞门坐落于西门街东段街南侧，坐北向南，平面布局为长方形，包括一进院及东跨院两个院落，南北长 16.75 米，东西宽 29.37 米，总占地面积为 659.45 平方米。现存大门、门房、倒座、东厢房、正房、正房耳房、二门、东跨院倒座，共 8 座建筑，总建筑面积为 229.20 平方米。

2. 悦屾门

悦屾门坐落于西门街中段南侧，亚元府东侧，坐北向南。平面布局为长方形，包括两进院落，南北长 35.38 米，东西宽 19.71 米，总占地面积为 697.34 平方米。现存大门、门房、二进院东厢房、二进院西厢房、二进院正房、二进院正房耳房共 6 座建筑，总建筑面积为 123.03 平方米。

3. 盐店

盐店坐落于盐店胡同中段北侧，悦行府东侧，坐北向南。平面布局为长方形，一进院落，南北长 19.79 米，东西宽 14.26 米，总占地面积为 282.21 平方米。现存大门、二门、倒座、东厢房、西厢房，共 5 座建筑，总建筑面积为 39.96 平方米。

4. 昆龄宅

昆龄宅坐落于盐店胡同东首南侧，坐北向南。平面布局为长方形，一进院落，南北长 21.96 米，东西宽 24.03 米，总占地面积为 527.70 平方米。现存大门、二门、倒座、东厢房、西厢房、正房、正房耳房、随墙门，共 6 座建筑，总建筑面积为 206.77 平方米。

5. 夙纲府

夙纲府坐落于西门街中段北侧，坐北向南。平面布局为长方形，三进院落，南北长 48.48 米，东西宽 18.64 米，总占地面积为 903.67 平方米。现存大门、正房、院门、东厢房、二进院院门、二进院正房、二进院西厢房、二进院西厢房耳房、二进院东厢房、二进院倒座、三进院院门、三进院正房、三进院正房耳房、三进院西厢房、三进院东厢房，共 15 座建筑，总建筑面积为 486.15 平方米。其中二进院正房、三进院正房皆为二层建筑。

图 3-5　夙纲府总平面图

图 3-6　夙纲府院落航拍

二进院正房位于夙纲府二进院北侧，坐北向南。面阔三间，通面阔 6.93 米，进深一间，通进深 4.37 米，建筑面积为 30.28 平方米。二层建筑，建筑檐高 5.65 米，总高为 7.74 米。尖山式硬山顶，干槎瓦屋面。正脊为花瓦脊，花瓦样式为套砂锅套，正脊两端有升起，两端图样为蝎子尾，蝎子尾上有兽；垂脊为花瓦脊，花瓦样式为砂锅套，铃铛排山。二棺抬梁式木构架，共 9 根檩条，檩条上铺方椽。前檐墙封护檐为菱角檐，墙体上身青砖砌筑，下碱为方整石砌筑；后檐墙封护檐为菱角檐，墙体上身青砖砌筑，下碱为方整石砌筑，墙心白灰抹面。山墙墙体上身青砖砌筑，下碱及墙心为方整石砌筑。室内一层下碱为清水墙面，上身白灰抹面；室内二层墙体白灰抹面；室内一层地面为青砖地面，室内二层地面为木板。前檐设双扇平开板门，前檐墙一层设直棂窗 2 处，前檐墙二层设方格窗 3 处，东山墙上设圆窗。前檐门前设二阶如意踏跺。

三进院正房位于夙纲府三进院北侧，坐北向南。面阔三间，通面阔 9.92 米，进深一间，通进深5.47米，建筑面积为54.26平方米。二层建筑，建筑檐高7.90米，总高为10.35米。尖山式硬山顶建筑，干槎瓦屋面。正脊为雕花脊，正脊两端施望兽；垂脊为雕花脊，垂兽前安跑兽2个，垂兽后安跑兽1个，铃铛排山。二榀抬梁式木构架，共9根檩条。檩条上铺方椽，椽子上铺望砖。前、后檐墙封护檐为菱角檐。墙体二层为青砖砌筑，一层为方整石砌筑。室内一层墙体白灰抹面；室内二层下碱为清水墙面，上身白灰抹面；室内一层地面为青砖地面，室内二层地面为木板。前檐设双扇平开板门，板门上设有门亮子；隔墙设双扇板门，前檐墙一层设直棂窗2处，前檐墙二层设直棂窗3处，东、西山墙上各设圆窗。前檐门前设有月台，月台前设三阶踏跺。

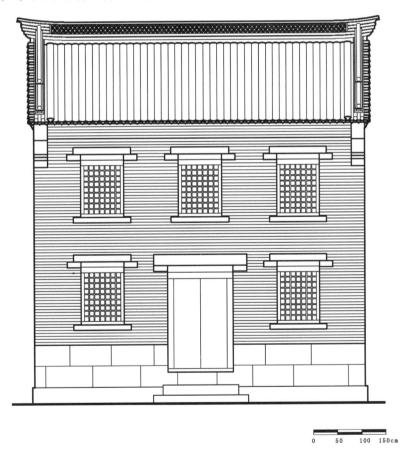

0　50　100　150cm

图3-7　夙纲府二进院正房正立面图

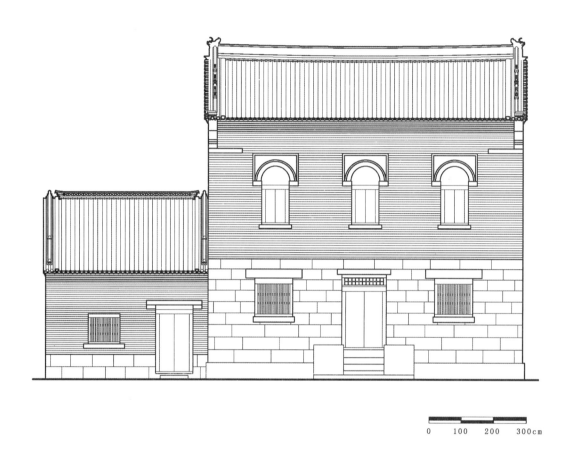

图3-8　夙纲府三进院正房及耳房正立面图

6. 悦循门南院

悦循门南院坐落于西门街东首南侧，坐北向南。平面布局为长方形，一进院落，南北长20.97米，东西宽20.18米，总占地面积为423.17平方米。现存大门、门房、倒座、倒座耳房、东厢房、西厢房悦循门南院，共6座建筑，总建筑面积为147.62平方米。

7. 敦化祖宅

敦化祖宅坐落于悦循门南侧，坐北向南。平面布局为长方形，一进院落，南北长18.16米，东西宽37.44米，总占地面积为679.91平方米。现仅存正房一座建筑，建筑面积为48平方米。

三、环境

李家疃村所处环境有"远三山、近三山、内三山，一溪水"之说。"远三山"即北有白云山，西有胡山，南有四鸡山；"近三山"即青龙山、凤凰山、豹（宝）山；"内三山"即村内三个花园中的人造假山。溪水即青阳河。

白云山位于邹平境内、胡山及四鸡山分布于章丘境内。李家疃村域范围内现存有青龙山、凤凰山、豹（宝）山、青阳河及怀隐园内假山1座。

图 3-9　远看豹（宝）山

青龙山位于村西北，属白云山脉，在白云山、胡山、四鸡山等群山环抱之中，海拔为 218 米，面积为 8000 平方米。

凤凰山位于村西的青阳河对岸，海拔为206米，面积为4000平方米。山石呈金黄色，耐火黏土储存丰富。

豹（宝）山位于村东，与青龙山隔青阳河相望，海拔为351.8米，面积为15平方千米。自古以"宝"相传闻名，又名宝山。据《淄川县志·舆地志·山川》记载："豹山，县西五十里。山巅建立宫观，各依巨石，上筑高台，梁柱阑盾皆石。历级而上，大似浮槎。绝巅两石相对，一经中天，呼曰天门。从松柏杂树中遥望，南山缥缈，若蓬莱三岛。"

青阳河位于村西，因在小清河的阳面而得名，发源于四鸡山分水岭，流经淄川的东牛角、西牛角、滴水石屋和章丘的石门、弓角湾、常山地、青野来到豹山，在李家疃村境内长2800米。

四、其他建构筑物

其他建构筑物包括唐家石屋遗址（见图3-10）、上马石、拴马桩、石磨、石碾、古井、牌坊等。

图3-10　唐家石屋遗址

五、非物质文化遗产

根据《中华人民共和国非物质文化遗产法》（2011 年），非物质文化遗产是指各族人民世代相传并视为其文化遗产组成部分的各种传统文化表现形式，以及与传统文化表现形式相关的实物和场所。非物质文化遗产包括传统口头文学以及作为其载体的语言，传统美术、书法、音乐、舞蹈、戏剧、曲艺和杂技，传统技艺、医药和历法，传统礼仪、节庆等民俗，传统体育和游艺及其他非物质文化遗产等。

李家瞳村相关的非物质文化遗产包括传统舞蹈、杂技、传统戏剧、传统民俗几种。传统舞蹈、杂技有舞狮、舞龙灯、踩高跷、跑旱船、抬芯子、赶毛驴、打腰鼓、扭秧歌等；传统戏剧有五音戏、京剧、吕剧等；传统民俗包括生产习俗、生活习俗、婚姻习俗、丧葬习俗、节日习俗等。

第四章　价值研究

《中华人民共和国文物保护法》（2017 年）提到具有历史、艺术、科学价值的文物受国家保护。《中国文物古迹保护准则》(2015 年)中将文物古迹的价值扩充为历史价值、艺术价值、科学价值、社会价值和文化价值五个方面。《关于开展传统村落调查的通知》（建村〔2012〕58 号）中明确指出，传统村落具有历史、文化、科学、艺术、社会和经济价值，较之文物价值，传统村落的价值构成增加了经济价值的内容。综合不可移动文物以及传统村落的价值要求，对李家疃古建筑群的价值研究包括历史价值、科学价值、艺术价值、文化价值、社会价值、经济价值六个方面。

一、历史价值

农耕文明时代，耕地可以循环利用，人们不再需要不断地变换居住场所，这就为村落的最终定型奠定了物质基础。李家疃村内的唐氏石屋因唐姓最早栖身而得名，王姓始祖王三老迁入李家疃村后也曾在此居住。石屋位于村南青阳河东岸天然石灰岩石洞内。该石洞原有大小不一石洞十几个，最大的山洞面积 15 平方米左右，最小的山洞面积 8 平方米左右。现仍存石洞 5 个，是李家疃村数百年历史的实物见证。

王氏一族自明洪武年间奉旨迁徙至李家疃村后，便开荒、租种、置田、筑屋、经商、入仕，经过世世代代的繁衍生息，人口不断发展壮大，并逐渐形成了一套强调家族团结互助、共荣辱观念的完整宗法体系，展示了李家疃村清晰的发展脉络，见证了我国农耕文明时代农民居住方式的发展及生产生活的不断演变。

山东民居经历了数千年的发展逐步形成了自己特有的建筑风貌，它们与自然相协调、与环境相融合、因材而施。代表性的民居有济南的四合院，胶东的海草房，鲁中地区以石头房为主的三合院，鲁西南、鲁北平原地区的土坯、麦草房。[①] 而地处鲁中的李家疃古建筑群具有特定的地理位置和自然条件，以及砖木石结构、品字形住宅、传统四合院形式丰富了山东民居的内涵，对研究地域文化和山东民居的发展历史具有重要意义。

二、科学价值

（一）选址

李家疃村的选址符合传统聚落选址观念，是研究居住环境学的重要资料。受"天人合一"哲学观念的影响，人们在建屋选址时，喜欢与山水林木接近，所谓"居山水间者为上"。在农耕文明社会里，人们的起居生活、生产劳作都依附于山水林木等自然资源，因此他们大都靠山临水而居，并逐渐形成人口聚居的村落。李家疃村位于青龙山、豹（宝）山、凤凰山三山环抱之中，青阳河经豹（宝）山直冲村南门，自西南环绕村庄九曲八折至北门，顺青龙山后坡流向西北，使村址正好处于山水环抱的中央，形成"三山拱秀，溪水环绕"的格局。由此，李家疃村为中国古代村落选址的山水格局典范。

---

① 姜波：《山东民居概述》，《华中建筑》1998 年第 2 期。

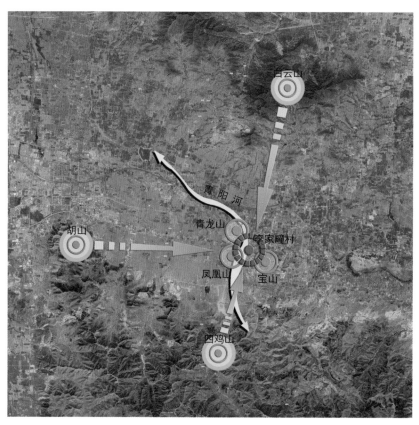

图 4-1 李家疃村选址分析

（二）布局

李家疃古建筑群街巷及院落布局具有显著的地方特色，是明清古建筑群的杰出代表，为研究鲁中民居建筑风格及特点提供了不可多得的实物例证。

古建筑群所在的村落核心区主要街道纵横交错，体现了传统村落典型的街巷式布局特点。村子以西门街、南北大街为主轴线，呈"丁"字形布局，将21处院落分为三个组团，构成"品"字形三大住宅区。其中淑俭门、凤纲府、淑俐门、悦循门、怀隐园为一个组团，位于西门街北侧；亚元府、悦岫门、悦赞门、悦徯门、悦衡门、悦德门、悦行门、盐店、解元府、昆龄宅为一个组团，位于南北大街西侧；悦循门南院、敦化祖宅、淑信门、淑佺门、淑仕门、淑仁门为一个组团，位于南北大街东侧。牌坊街、盐店胡同、酒店胡同为次轴线，与东西大街、南北大街纵横交错，有机展开。

单独院落多由大门、正房、东西厢房组成，符合北方传统民居四合院东、西、南、北四面房屋相围形成“口”字形的典型平面布局形式。大门一般不居中，而是根据具体情况设在东南角、西南角、东北角、西北角。院落正房多为坐北朝南，院落空间宽绰疏朗，四面房屋各自独立，并起门来自成天地。内部空间相对封闭、有秩序，自然形成一种领域感、归属感。

建筑功能以住宅为主，兼具其他功能。如淑仁门设有习武厅、练武场，淑仕门设地窖暗房用于避难和贮藏，武亚元府设有书楼、练武厅等。

（三）防御性理念

李家疃村地处泰蒙山系北麓，是丘陵与平原的结合部地貌，村域范围内有青龙山、凤凰山、豹山、青阳河，周围地形起伏变化。整个村落以山为屏，以水为邻，有效地阻碍了入侵者的长驱直入，具有很强的隐蔽性和防御性。

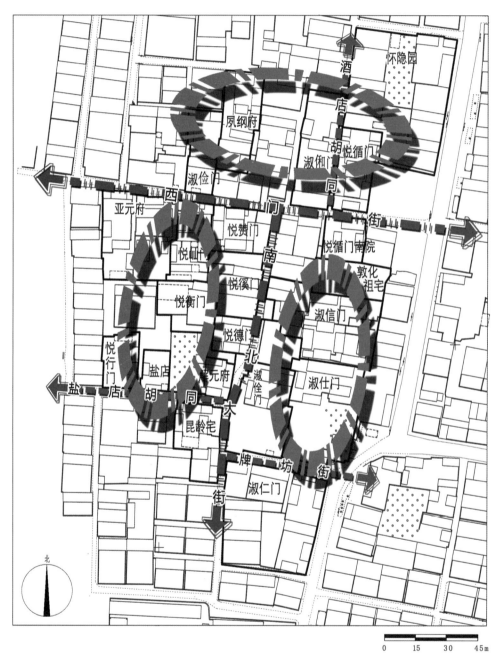

图 4-2 街巷格局分析

　　村落周围建有圩墙，与外围的山峦、河流形成整体防御体系。清咸丰年间，社会动荡，战乱频繁。家资殷实的王氏家族为防匪患，于咸丰三年（1853 年）由十五世王悦衡带头，开始修建村庄圩墙。咸丰九年（1859 年），圩墙建成。圩墙高 8 米、底宽 6 米、顶宽 4 米、长 2452.7 米。圩墙建有东、西、南、北 4 个城门，另在西南角险要位置设置便门一个。东门直对豹山，叫"豹文门"；南门直冲青阳河，名"青阳门"；西门朝凤凰山，称"迎凤门"；北门映白云山，称"白云门"。四门呈拱形，皆用大块方砖砌成。圩墙上设有炮台 4 座，红衣大炮 4 门，火枪、弓箭若干，较好地解决了安全防范问题。因防御性能较好，李家疃圩墙建成后，周边王村、尹家庄、西铺、苏礼等地村民纷纷到李家疃村投靠亲友，以避匪乱。

图 4-3　李家疃村沙盘模型（拍摄于李家疃乡村记忆博物馆）

村庄内的道路纵横交错，宽窄不一，路宽 2.5~8 米。西门街和南北大街通而不直，一定程度上可以起到迷惑入侵者的目的。各院落之间彼此相通，设有地道与水井相连，并能通往村外，既有效增加了村落的防御性，又给村民提供了一定的生活和安全保障。

（四）院落大门特点鲜明

以九大门为例，整体上"五大门"略显矮宽，"四大门"高大灵巧。除体量不同外，各大门的做法基本一致，均为五脊硬山出厦式门楼。此外，除悦循门大门为砖木石结构外，其他八门皆为砖石结构。双扇双框板门，板门两侧自上而下有悬砧、腰砧、门砧。门砧、腰砧、悬砧厚重，一方面可保持门框不变形；另一方面，腰砧内有腰眼用于固定腰杠，门砧用于支撑门框。门砧在我国传统建筑的大门上较常见，悬砧及腰砧做法具有明显的地方特征。

（五）耐火望砖的使用

李家疃村耐火黏土资源丰富，土质适合生产耐火砖。村民对耐火黏土进行粉碎、加工时，首先将生料煅烧成熟料，再将熟料加工成粗细、大小不等的若干品种，后期把防火砖的工艺经验应用到生产望砖。这种望砖具有防火性好、比传统望砖薄的特点。传统望砖一般厚 20~40 毫米，防火望砖仅厚 10~12 毫米左右，且重量也减轻 1/3，硬度及承重负荷都有所提高。对于李家疃古建筑群来说，这既解决了望砖容易酥碱的问题，又有效地减轻了屋面承重，增加了椽檩的寿命。悦循门及淑俐门建筑后期维修中多使用了这种防火望砖。防火望砖的应用是李家疃村民充分利用有利资源、发挥智慧创造的技术成果，是李家疃古建筑群地域特性的体现。

（六）就地取材

李家疃古建筑群建筑木构架所用木料多为当地产榆木；砌筑墙体所用石料呈金黄色，多取自周边青龙山和凤凰山。现存悦循门、淑仕门、淑信门等院落有多处建筑使用这种石料。屋面除了使用望砖，还有些建筑为了节约成本，会使用当地所产苇箔和高粱箔，如夙纲府三进院院门檩条上铺椽子及苇箔；夙纲府三进院东厢房及悦赞门东厢房没有使用椽子，而是分别在檩条上直接铺苇箔及高粱箔。

三、艺术价值

李家疃古筑群雕刻题材丰富、技法精湛、栩栩如生，有砖雕、木雕和石雕。砖雕多用于屋脊、墙体墀头等部位，木雕用于门楣、梁头，石雕则多见于门砧之上。雕刻手法有浮雕、透雕，题材有二龙戏珠、红梅喜鹊、鹤蓬莲花、喜上眉梢等，表达的寓意有高雅、富丽、吉祥、喜庆、福寿等。各建筑中尤以院落大门的装饰雕刻最为讲究，比较有代表性的有悦循门大门、淑信门大门。

（一）悦循门大门

悦循门大门的雕刻强调主人对福寿的期望，福寿题材的雕刻多达 8 处，分别为檐檩之下横披中间祥云中两只蝙蝠拥抱"寿"字，寓意福寿延年；横披下倒挂楣子上透雕 20 余只蝙蝠和"寿"字，寓意福满门及福寿双全；左右门框中间雕刻"寿"字，寓意长寿；左侧挑檐石浮雕松鹤图，寓意松鹤延年；右侧挑檐石浮雕松鹿，寓意寿禄两全；博缝砖头由万字组成寿字、大门两侧廊心墙镶以竹节龟背图案，寓意长寿万年。

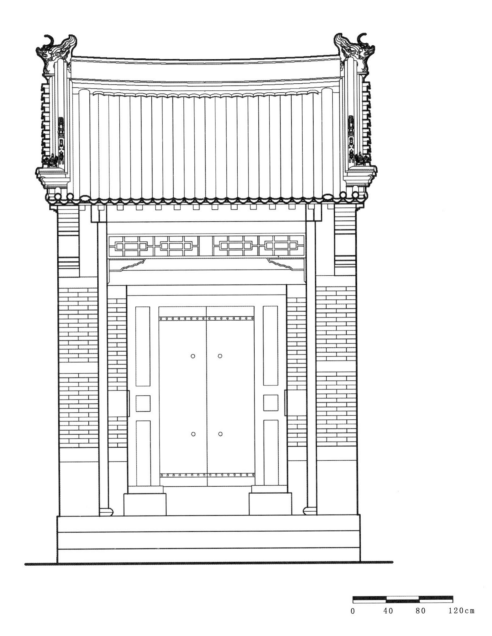

0　　40　　80　　120cm

图4-4　悦循门大门正立面图

图4-5 悦循门大门门框木雕"寿"字

另外，悦循门大门雕刻还体现了主人对子孙、财富、吉祥、富贵、太平等各方面朴素而美好的愿望。正脊雕双龙戏珠，寓意吉祥安泰；檐檩之下横披上的四片浮雕荷叶，象征和和美美；横批左、右分别雕刻牡丹花，花中一对喜鹊相对戏鸣；楣子下装透雕富贵牡丹的花牙子，寓意吉祥富贵；左侧挑檐石以上迎风砖浮雕凤凰牡丹，因凤凰不落无宝之地，寓意富贵多财；右侧挑檐石以上迎风砖浮雕麒麟松树，寓意麒麟送子、多子多福。门砧上浮雕有四组图案，左侧第一组为南瓜、水壶及白菜图案，因"菜"与"财"同音，寓意南来北往财源滚滚；左侧第二组为回头象，象身上有太瓶，寓意太平吉祥；右侧第一组为香炉，寓意如意吉祥；右侧第二组被毁无法辨认，但因象一般成对出现，根据残存痕迹判断，可能与左侧第二组一样同为回头象。

图 4-6　悦循门大门雕刻麒麟送子

（二）淑信门大门

　　淑信门大门雕刻内容除追求福寿外，开始强调主人对书香门第的追求。建筑高度与悦循门大门相比稍高，整体苗条清秀，寓意读书人高人一等。迎风砖雕刻的梅、兰、竹、菊象征着文人雅士的坚强、高贵、清雅、洒脱。

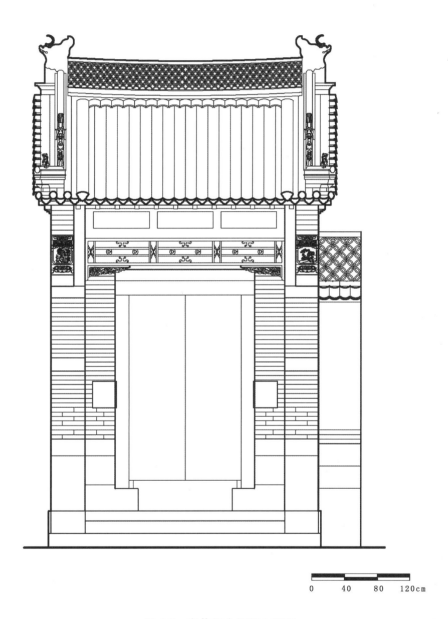

图 4-7 淑信门大门正立面图

另外，淑俽门围墙采用板瓦做成麦穗和元宝图案的花墙，寓意有钱有粮；淑信门东跨院正房、耳房等多处建筑的高窗采用方格圆窗，寓意无以规矩不成方圆。

四、文化价值

中国传统文化特指在历史上积淀下来成为传统，并且已经具有稳定形态的中国文化，包括语言、思想观念、礼仪制度、思维方式、价值取向、道德情操、生活方式、风俗习惯、宗教信仰、文学艺术、科学技术等不同层面的丰富内容。但是，其中起主导作用、支配作用、处于基础地位的是思想观念文化，它对其他不同层面文化的发展和演变具有着影响和导向作用。

多年来，李家疃村传承发展了耕读文化、礼孝文化，形成了独特的生产生活习俗、婚姻习俗、生育习俗、丧葬习俗、节日习俗、饮食文化、家风家教等生活方式及风俗习惯，是中国传统文化的重要传承地和展示地。李家疃村地处齐文化核心区，是中国传统文化的载体。人们经过长期共同生活以及感情的交融，形成独特的风土人情、宗教信仰，体现了中国传统文化的多样性。

李家疃村丰富多彩的非物质文化遗产是村民日常生活的重要内容，也是村落独特文化特征的组成部分。舞狮、舞龙灯、五音戏、京剧、吕剧等扮玩、戏剧丰富了村民的日常生活，多年来形成的生产生活及婚姻、丧葬、节日习俗、饮食文化是村民们的日常行为规范。同时，伴随着时代的发展，这些非物质文化遗产也在不断更新完善。

五、社会价值

李家疃村王氏家族一脉相承的宗族体系，对于研究和科学认识我国宗族制度的发展及内涵具有重要意义。据李家疃村王氏族谱记载，明洪武三年（1370 年），王氏家族始祖王三老随其母亲自河北枣强迁入李家疃村。王氏家族开始以农为生，后经历入仕为官、经商致富，逐渐发展成李家疃村最大的家族。这种一脉相承的宗族体系是古村的一大特色，也在村落内形成了一种无形的内在凝聚力和极为严明有效的等级秩序。这种等级秩序下形成的勤俭节约、自强自立、乡邻之间互谅互让、和睦共处、患难相助等优秀中华传统道德观念以及由家训族规多年来逐渐演变成符合社会主义制度的乡规民约，对建立基层社会治理体系具有促进和借鉴作用。

科学保护、合理利用李家疃村有助于传承传统文化、提升当地居民的归属感和自豪感，有利于"乡村振兴战略"的实施、促进李家疃村的全面发展和繁荣。

六、经济价值

李家疃村得天独厚的自然资源、丰富的历史文化遗存是对其进行合理利用的有利条件。充分利用这些资源大力发展生态文化产业，既能给当地村民带来经济收入，又能促进地方经济的发展。

第五章　保护与研究

中华人民共和国成立以来，我国文物保护相关法律法规不断健全。《中华人民共和国文物保护法》自 1982 年公布后，至今已历经 5 次修订。依据文物法各项规章、制度、导则、办法的不断建立、发展，文物保护法律体系日趋完善。随着文物保护工作的开展，人们的文物保护理念不断清晰明确。20 世纪 80 年代国际文物保护原则引进中国后，人们的文物保护理念开始与国际接轨并不断成熟。同时，传统村落的保护工作随着我国有关历史文化名城、历史文化名村保护工作的不断发展而日益得到重视，对传统村落的相关保护、利用工作相继进入实质性阶段。

一、保护背景及理论基础

（一）文物保护法律体系及理念的发展

1. 文物保护法律体系的发展

从中华人民共和国成立之初的《古文化遗址及古墓葬之调查发掘暂行办法》到第一部文物保护与管理的综合性法规《文物保护管理暂行条例》的出台，我国文物保护法律从强调对考古发掘工作的具体规定发展到对革命遗址、纪念建筑物、古建筑、石窟寺、石刻、古文化遗址、古墓葬等各种文物类型的全面保护要求，并提出了文物保护单位的概念，明确了保护单位的级别。1982 年，第一部《中华人民共和国文物保护法》将"文物"一词及其包括的内容用法律形式固定下来。

1982～2017 年,《中华人民共和国文物保护法》共经历了 5 次修订。5 次修订中影响最大的是 2002 年的修订,这一版文物法确立了"保护为主,抢救第一,合理利用,加强管理"的 16 字工作方针,为新时期文物事业的发展奠定了坚实的法律基础。

表 5-1　　　　　　　　　　　我国文物保护法律体系简表

法规名称	公布(颁布)时间	主要内容	依据法规制定的相关规章、制度
《古文化遗址及古墓葬之调查发掘暂行办法》	1950 年 5 月 24 日	对考古发掘工作作出了比较全面的规定,明确了"凡地下埋藏及发掘所得之古物、标本概为国有"。《办法》一方面提出了有关古文化遗址及古墓葬调查、发现、呈报的相关程序和要求;另一方面对拟进行发掘工作的团体提出了具体要求。	—
《文物保护管理暂行条例》	1961 年 3 月 4 日	明确了一切文物都由国家保护,现在地下遗存的文物都属于国家所有;界定了国家保护文物的范围;提出了"文物保护单位"的概念及分级公布文物保护单位的规定和要求;明确规定根据重要的革命遗址、纪念建筑物、古建筑、石窟寺、石刻、古文化遗址、古墓葬的价值分为 3 个不同的文物保护单位保护级别,即全国重点文物保护单位、省(自治区、直辖市)级文物保护单位和县(市)级文物保护单位。	1963 年《文物保护单位保护管理暂行办法》;1963 年《革命纪念建筑、历史纪念建筑、古建筑、石窟寺修缮暂行管理办法》;1964 年《古遗址、古墓葬调查、发掘暂行管理办法》。

续表

法规名称	公布(颁布)时间	主要内容	依据法规制定的相关规章、制度
《中华人民共和国文物保护法》	1982年11月19日	将"文物"一词及其包括的内容用法律形式固定下来:"文物是人类在历史发展过程中遗留下来的遗物、遗迹。"文物是指具体的物质遗存。其基本特征是:第一,必须是由人类创造的,或者是与人类活动有关的;第二,必须是已经成为历史的过去、不可能再重新创造的。	1984年《古建筑消防管理规则》;1984年《关于使用文物古迹拍摄电影、电视故事片的暂行规定》;1985年《革命纪念馆工作试行条例》;1986年《纪念建筑、古建筑、石窟寺等修缮工程管理办法》;1989年《中华人民共和国水下文物保护条例》;1990年《山东省文物保护管理条例》;1991年《中华人民共和国考古涉外工作管理办法》《中华人民共和国文物保护法实施细则》。
《中华人民共和国文物保护法》(第一次修订)	1991年6月29日	—	—
《中华人民共和国文物保护法》(第二次修订)	2002年10月28日	确立了"保护为主,抢救第一,合理利用,加强管理"的16字工作方针。	2003年《中华人民共和国文物保护实施条例》;2003年《文物保护工程管理办法》;2004年《全国重点文物保护单位保护规划编制要求》《全国重点文物保护单位保护规划审批办法》;2005年《文物保护工程勘察设计资质管理办法》《文物保护工程施工资质管理办法》;2006年《长城保护条例》。

续表

法规名称	公布(颁布)时间	主要内容	依据法规制定的相关规章、制度
《中华人民共和国文物保护法》(第三次修订)	2007 年12 月 29 日	—	—
《中华人民共和国文物保护法》(第四次修订)	2013 年6 月 29 日	—	2013 年《山东省大运河遗产山东段保护管理办法》;2013 年《文物保护工程设计文件编制深度要求(试行)》;2015《中国文物古迹保护准则》;2016 年修订《山东省文物保护条例》。
《中华人民共和国文物保护法》(第五次修订)	2017 年11 月 4 日	—	2017 年《文物建筑开放导则(试行)》;2018 年审议通过《关于加强文物保护利用改革的若干意见》;2018 年印发并实施《关于实施革命文物保护利用工程(2018 ~2022 年)的意见》。

2. 文物保护理念的发展

以梁思成先生为代表的中国营造学社成员为我国文物保护思想的建立、完善起了积极推动作用。最初的保护思想主导保护和修复古代建筑的原状,即在无法准确把握原状的情况下,保存现状。

中华人民共和国诞生以后,百废待兴,全国范围内大量古建筑的维修骤然成为繁重的工作任务。随着一系列重要保护项目的逐步实施,文物保护理念得到发展,保护原则日渐清晰。这一时期关于文物建筑保护的思想在"整旧如旧还是整旧如新""延年益寿还是返老还童"的问题上展开了广泛的讨论。

1985 年，我国加入《保护世界文化和自然遗产公约》，国外有关遗产保护的真实性、完整性等原则和理念逐渐被国内文物保护领域接受和重视。

经过多年的发展，我国目前已经形成了成熟的文物保护理念。不改变原状、真实性、完整性、最低限度干预、保护文化传统、使用恰当的保护技术、防灾减灾等原则已成为不可移动文物保护领域的普遍共识。

表 5-2   我国文物保护原则简表

保护目的	保护原则	具体内涵	法律法规依据
保护是指保存文物古迹及其环境和其他相关要素进行的全部活动。保护的目的是通过技术和管理措施真实、完整地保存其历史信息及价值。	不改变原状	不改变原状是文物古迹保护的要义。它意味着真实、完整地保护文物古迹在历史过程中形成的价值及其体现这种价值的状态，有效地保护文物古迹的历史、文化环境，并通过保护延续相关的文化传统。	《中国文物古迹保护准则》（2015 年）
		对不可移动文物进行修缮、保养、迁移，必须遵守不改变文物原状的原则。 使用不可移动文物，必须遵守不改变文物原状的原则，保护建筑物及其附属文物的安全，不得损毁、改建、添建或者拆除不可移动文物。	《中华人民共和国文物保护法》（2017 年）
	真实性	是指文物古迹本身的材料、工艺、设计及其环境和它所反映的历史、文化、社会等相关信息的真实性。对文物古迹的保护就是保护这些信息及其来源的真实性。对文物古迹相关的文化传统的延续同样也是对真实性的保护。	《中国文物古迹保护准则》（2015 年）
	完整性	文物古迹的保护是对其价值、价值载体及其环境等体现文物古迹价值的各个要素的完整保护。文物古迹在历史演化过程中形成的包括各个时代特征、具有价值的物质遗存都应得到尊重。	

续表

保护目的	保护原则	具体内涵	法律法规依据
保护是指保存文物古迹及其环境和其他相关要素进行的全部活动。保护的目的是通过技术和管理措施真实、完整地保存其历史信息及价值。	最低限度干预	应当把干预限制在保证文物古迹安全的程度上。为减少对文物古迹的干预,应对文物古迹采取预防性保护。	《中国文物古迹保护准则》(2015 年)
	保护文化传统	当文物古迹与某种文化传统相关联,文物古迹的价值又取决于这种文化传统的延续时,保护文物古迹的同时应考虑对这种文化传统的保护。	
	使用恰当的保护技术	应当使用经检验有利于文物古迹长期保存的成熟技术,文物古迹原有的技术和材料应当保护。	
	防灾减灾	及时认识并消除可能引发灾害的危险因素,预防灾害的发生。	

（二）传统村落保护的背景及要求

传统村落的保护工作是随着我国有关历史文化名城、历史文化名村保护工作的不断发展而日益被人们重视的。2012 年 4 月 16 日,住房城乡建设部、文化部、国家文物局、财政部发布建村《关于开展传统村落调查的通知》（建村［2012］58 号）,明确指出"传统村落"的概念:村落形成较早,拥有较丰富的传统资源,具有一定历史、文化、科学、艺术、社会和经济价值,应予以保护的村落。该《通知》使有关传统村落的相关保护工作进入实质性阶段。同年,四部门联合出台了《传统村落评价认定指标体系（试行）》（建村［2012］125 号）,并组织开展了全国第一次传统村落摸底调查,在各地初步评价推荐的基础上,经传统村落保护和发展专家委员会评审认定并公示。2012 年至今,我国已公布五批共 6799 个中国传统村落。

2014 年 4 月 25 日,住房和城乡建设部、文化部、国家文物局、财政部印发《关于切实加强中国传统村落保护的指导意见》（〔2014〕61 号）。根据该意见，国家文物局于 2014 年 5 月 8 日召开会议，部署 270 个全国重点文物保护单位和省级文物保护单位集中成片传统村落整体保护利用工作，正式启动其中首批 50 个传统村落的整体保护利用工作。

表 5-3　　　　　　　　　　传统村落保护工作发展简表

时间	主要文件	相关内容及意义
2012 年 4 月	《关于开展传统村落调查的通知》（建村〔2012〕58 号）	由住建部、文化部、国家文物局、财政部联合启动中国传统村落的调查，将民国以前建村、传统建筑风貌完整、选址格局保留传统特色或非物质文化遗产活态传承的村落均列入调查对象，将少量精品的历史文化名镇名村扩展到更广范围的传统村落保护。
2012 年 9 月	《传统村落评价认定指标体系（试行）》（建村〔2012〕125 号）	成立由多学科专家组成的专家委员会，评审并公布了中国传统村落名录。
2014 年	《关于全面深化农村改革加快推进农业现代化的若干意见》（中央 1 号文件）	明确提出"制定传统村落保护发展规划，抓紧把有历史文化等价值的传统村落和民居列入保护名录，切实加大投入和保护力度"的要求。
2014 年 4 月 25 日	《关于切实加强中国传统村落保护的指导意见》（〔2014〕61 号）	提出了传统村落保护的指导思想、基本原则、主要任务、基本要求及保护措施等。
2015 年 6 月	《关于做好 2015 年中国传统村落保护工作的通知》（建村〔2015〕91 号）	要求做好中国传统村落纳入中央财政支持范围申请，开始年度专项督查，实施挂牌保护制度，严格乡村规划建设许可，完善多部门、多角度协同保护机制。

关于传统村落的保护理念主要体现在保护传统村落的真实性、完整性以及延续性几方面。

表 5-4 传统村落保护理念简表

保护理念	内 容	法律法规依据
真实性	传统村落的保护要注重真实性的保护。注重文化遗产存在的真实性,杜绝无中生有,照搬抄袭。注重文化遗产形态的真实性,避免填塘、拉直道路等改变历史格局和风貌的行为,禁止没有依据的重建和仿制。注重文化遗产内涵的真实性,防止一味娱乐化等现象。注重村民生产生活的真实性,合理控制商业开发面积比例,严禁以保护利用为由将村民全部迁出。	《关于切实加强中国传统村落保护的指导意见》(2014 年)
完整性	传统村落的保护要注重村落空间的完整性,保持建筑、村落以及周边环境的整体空间形态和内在关系,避免"插花"混建和新旧村不协调。注重村落历史的完整性,保护各个时期的历史记忆,防止盲目塑造特定时期的风貌。注重村落价值的完整性,挖掘和保护传统村落的历史、文化、艺术、科学、经济、社会等价值,防止片面追求经济价值。	
延续性	传统村落要注重经济发展的延续性,提高村民收入,让村民享受现代文明成果,实现安居乐业。注重传统文化的延续性,传承优秀的传统价值观、传统习俗和传统技艺。注重生态环境的延续性,尊重人与自然和谐相处的生产生活方式,严禁以牺牲生态环境为代价过度开发。	

二、保护理念

(一)保护优先原则

李家疃古建筑群作为省级文物保护单位,其保护首先要贯彻"保护为主,抢救第一,合理利用,加强管理"的 16 字方针,应把保护放在首位。

（二）真实性、完整性原则

根据现有的法规、准则、条例等的要求，有关文物古迹及传统村落、历史文化名村的保护原则都强调了真实性和完整性。保护李家疃古建筑群的真实性和完整性既要保护建筑、院落、街巷等村民创造的生活、居住实体，同时也要保护其建造的理念、风格、街巷空间格局及其所依赖的周边自然景观环境；既要保护文物建筑、历史街巷等的材料、工艺、设计，也要保护李家疃村在特定的地域背景和历史文化环境中人们形成的生产生活方式。

（三）合理利用原则

要遵守《中华人民共和国文物保护法》对合理利用的要求。在不影响和破坏文物建筑、传统街巷、空间格局的前提下进行适度利用，通过鼓励开展文化创意产品、特色产业等，取得经济效益和社会效益。

（四）可持续发展原则

随着国际和国内对文化遗产认识的不断深化，文化遗产的内容不断发展和丰富，从重视"静态遗产"保护转向同时重视"动态遗产"和"活态遗产"保护，成为文物保护工作的发展趋势。"活态遗产"是由1982年《佛罗伦萨宪章》中提出的"活态古迹"的概念引申发展而来的。有学者认为，活态遗产是至今仍保持着原初或历史过程中的使用功能的遗产。[①]

传统村落是一代代村民长期建设创造的聚居生活的场所，并将持续发展下去。村落内除了有形的物质形态的"静态"之外，还存在一个"进行活动"的"动态"。因

---

① 参见万敏、黄雄、温义：《活态桥梁遗产及其在我国的发展论》，《中国园林》2014年第2期。

此，传统村落是典型的活态遗产。对李家疃古建筑群的保护既要注重"静态"的物质形态的保护，又要考虑建筑群所处的村落的活态背景，注重当地村民的要求，满足他们要求发展的愿望，让村落持续发展下去。通过不断彰显李家疃作为文物保护单位及国家级传统村落的"名牌"效应，刺激经济效益不断提高，从而更进一步地凸显社会效益，实现"保护促发展，发展助保护"的良性循环模式。

（五）产业先导原则

李家疃古建筑群之所以能够历经数百年的发展并留存到今天，与多年来李家疃村的一脉相承密不可分。而李家疃村能够传承数百年，除依托于特有的农村生产资源和生产方式外，还依托于特定的风俗、习惯和家族伦理观念。要让李家疃村及其古建筑群得以传承，不但要发展文化产业，还应立足于李家疃村农业生产资料和生产方式、生活方式、风俗、习惯、村民诉求等发展特色产业，促进古老的村庄与现代生活的有机融合。

（六）村民参与原则

李家疃村是由世代居住在这里的村民依靠他们的勤劳和智慧雕琢而成的，而且他们至今仍在村子和古建筑里生产和生活。在李家疃古建筑群的保护过程中应保护村民的利益，通过充分听取村民的意见和建议，加强村民的文物保护意识，帮助村民改善生产和生活质量，维护原生态的民风民俗、保持村民在古村落保护发展中的利益分享等措施，充分发挥村民在保护过程中的主人翁意识。

三、总体保护

李家疃古建筑群中各大院落基本保持了明清时期的形制，各院落主体建筑保存完整，各条街巷肌理清晰，基本延续了明清时期的格局，能够真实地反映明清时期的建筑形制、特点、工艺、技术等，具有较好的完整性和真实性。

（一）传统街巷保护

随着中华人民共和国成立以来农村生活水平的提高，城乡建设活动的快速发展，为了满足现代居住条件和生活方式的需求，有些传统建筑被拆除后建现代房屋，有些则被局部更换构件，改建为现代样式；原传统街巷逐渐出现了新老建筑相互交织、保存情况不一、私搭乱建的临时建筑与古建筑群整体风貌极不协调的现象。部分街巷中水泥铺设的路面破坏了街巷传统风貌，影响了文物真实性的体现。如西门街原为方整石路面铺装，后路面石板被陆续拆除，自上世纪 60 年代以后，西门街、南北大街、牌坊街、酒店胡同、盐店胡同等传统街巷均为素土路面；2003 年，村内主要道路统一进行了水泥路面硬化。

由于部分历史建筑已被拆除，我们已无恢复它们的依据，在被拆除的历史建筑原址新建的建筑同时也是老百姓的生活保障用房，因此也不能随意拆除，那么对这些沿街新建建筑的风貌整治不失为一种较好的方案，且仅对新建建筑的立面和屋顶用材进行整饬改造对周围文物建筑的影响较小。

传统街巷整治主要针对西门街、南北大街、牌坊街、酒店胡同两侧的建筑。为便于表述，将各街巷两侧沿街建筑按照自东向西或自北向南的顺序依次进行排序、编号，以西门街为例，将南、北两侧沿街建筑按照自东向西依次命名为"X-N-1、X-N-2……"、"X-B-1、X-B-2……"。（具体位置详见图 5-1 沿街建筑编号图）

现将西门街、南北大街、牌坊街、酒店胡同两侧沿街建筑分布及现状情况统计如下：

表 5-5 沿街建筑分布及现状情况统计表

名称	建筑编号	建筑类型	建筑现状
西门街南立面	X-N-01	文物建筑	屋面被改造为红机瓦,外墙面后加水泥砂浆抹面。
	X-N-02	文物建筑	屋面被改造为红机瓦,后檐墙后开门洞,外墙面后加水泥砂浆抹面。
	X-N-03	文物建筑	屋面被改造为红机瓦,局部塌落,漏雨严重,内墙面抹灰大面积脱落。
	X-N-04	文物建筑	屋面整体坍塌,东山墙土坯砖部分缺损,西山墙歪闪失稳。
	X-N-05	文物建筑	屋面被改造为红机瓦,局部塌陷,外墙面抹灰大面积脱落。
	X-N-06	文物建筑	屋面生满杂草,瓦件松脱,木基层糟朽严重,屋面弯折,脊饰缺损。
	X-N-07	文物建筑	挑檐石以上墙体及屋面被后改为红机砖、红机瓦,墙体及两侧院墙外墙面后加水泥砂浆抹面。
	X-N-08	非文物建筑	挑檐石以上墙体及屋面被后改为红机砖、红机瓦,墙体及两侧院墙外墙面后加水泥砂浆抹面。
	X-N-09	文物建筑	屋面生有杂草,瓦件松脱,木基层糟朽严重,屋面弯折,脊饰缺损。
	X-N-10	文物建筑	后檐墙外墙面后加水泥砂浆抹面。
	X-N-11	文物建筑	屋面被改造为红机瓦,外墙面后加水泥砂浆抹面,西侧院墙后开卷帘门。
	X-N-12	文物建筑	屋面及山墙山尖已坍塌。
	X-N-13	文物建筑	保存基本完好,踏跺后加水泥砂浆坡道。
	X-N-14	文物建筑	屋面被改造为红机瓦,局部塌陷,漏雨严重,后檐墙向外侧歪闪失稳,外墙面抹灰全部脱落,西侧院墙塌毁严重。

续表

名称	建筑编号	建筑类型	建筑现状
西门街北立面	X-B-01	文物建筑	屋面生有杂草,瓦件松脱,木基层部分槽朽,脊饰缺损。
	X-B-02	文物建筑	屋面生满杂草,屋面漏雨,脊饰大部分缺损,后檐墙后开门洞,后加水泥踏跺,东侧院墙顶部塌毁。
	X-B-03	文物建筑	全部塌毁,仅剩大门过木。
	X-B-04	文物建筑	屋面瓦件大面积松脱,木基层槽朽严重,灰背层松散、塌落,屋面漏雨严重,脊饰缺损。
	X-B-05	文物建筑	屋面被改造为红机瓦,后檐墙墙面抹灰大面积脱落,土坯砖外露,东侧院墙外墙面后加水泥砂浆抹面。
	X-B-06	非文物建筑	新建红机砖大门及西侧红机砖围墙,临时搭建沿街露天旱厕,与建筑群风貌极不协调。
	X-B-07	非文物建筑	在被拆毁的介褆妻王氏节孝坊基础上新建红机瓦大门,原牌坊基座、束腰等部分构件仍保存基本完好。
	X-B-08	非文物建筑	新建红机砖大门。
	X-B-09	非文物建筑	屋面被改造为红机瓦屋面。
	X-B-10	文物建筑	屋面被改造为红机瓦,后檐墙外墙面后加水泥砂浆抹面。
	X-B-11	文物建筑	保存基本完好,地面及踏跺后加水泥砂浆抹面。
	X-B-12	文物建筑	屋面被改造为红机瓦,后檐墙外墙面后加水泥砂浆抹面;西侧围墙外墙面后加水泥砂浆抹面,墙顶后加预制板出挑。
	X-B-13	非文物建筑	建筑塌毁严重,屋面全部塌落,过木弯垂。
	X-B-14	非文物建筑	新建红机砖、水泥预制板建筑,外墙面水泥砂浆抹面。
	X-B-15	非文物建筑	新建红机砖、水泥预制板建筑,外墙面水泥砂浆抹面。

续表

名称	建筑编号	建筑类型	建筑现状
南北大街 东立面	N-D-01	非文物建筑	屋面被改造为红机瓦,外墙面抹灰大面积脱落,土坯砖局部残损。
	N-D-02	文物建筑	屋面生有杂草,脊饰局部缺损。
	N-D-03	非文物建筑	新建红机砖、红机瓦建筑及院落,外墙面后加水泥砂浆抹面,与建筑群风貌极不协调。
	N-D-04	非文物建筑	新建红机砖、红机瓦大门。
	N-D-05	非文物建筑	新建红机砖、红机瓦建筑。
	N-D-06	非文物建筑	新建红机砖、红机瓦大门。
	N-D-07	非文物建筑	新建红机砖、红机瓦建筑及院落,外墙面后加水泥砂浆抹面,与建筑群风貌极不协调。
南北大街 西立面	N-X-01	非文物建筑	屋面生有杂草,脊饰局部缺损。
	N-X-02	文物建筑	屋面被改造为红机瓦,外墙面抹灰大面积脱落,土坯砖局部残损。
	N-X-03	文物建筑	屋面被改造为红机瓦,脊饰全部缺损。
	N-X-04	文物建筑	屋面生满杂草,屋面漏雨,脊饰大部分缺损。
	N-X-05	文物建筑	屋面生满杂草,屋面漏雨,脊饰大部分缺损,踏跺后加水泥坡道,两侧院墙外墙面抹灰全部脱落。
	N-X-06	文物建筑	山墙外墙面抹灰全部脱落。
	N-X-07	文物建筑	山墙外墙面抹灰全部脱落,南侧院墙外墙面抹灰全部脱落,北侧院墙后加红砖墙帽。
	N-X-08	文物建筑	屋面生有杂草,瓦件松脱,脊饰部分缺损。
	N-X-09	文物建筑	屋面生有杂草,瓦件松脱,脊饰部分缺损。
	N-X-10	文物建筑'	山墙外墙面抹灰全部脱落。

续表

名称	建筑编号	建筑类型	建筑现状
牌坊街南立面	P-N-01	文物建筑	屋面生满杂草,屋面漏雨,脊饰大部分缺损,踏跺后加水泥坡道。
	P-N-02	文物建筑	屋面生满杂草,屋面漏雨,脊饰大部分缺损,踏跺后加水泥坡道。
	P-N-03	非文物建筑	新建红机砖、红机瓦建筑,外墙面水泥砂浆抹面,与建筑群风貌极不相符。
	P-N-04	非文物建筑	后建红机砖、红机瓦大门。
	P-N-05	非文物建筑	后建土坯砖建筑。
牌坊街北立面	P-B-01	文物建筑	屋面生满杂草,屋面漏雨,脊饰大部分缺损,踏跺后加水泥坡道。
	P-B-02	文物建筑	屋面生有杂草,脊饰局部缺损。
	P-B-03	文物建筑	屋面生有杂草,脊饰局部缺损。
	P-B-04	文物建筑	屋面生有杂草,脊饰局部缺损。
	P-B-05	非文物建筑	屋面生有杂草,脊饰局部缺损。
	P-B-06	文物建筑	—
	P-B-07	文物建筑	—
	P-B-08	文物建筑	建筑拆毁已久,仅存后檐墙,窗洞封堵。
酒店胡同东立面	J-D-01	文物建筑	保存基本完好。
	J-D-02	文物建筑	保存基本完好。
	J-D-03	文物建筑	保存基本完好。
	J-D-04	文物建筑	保存基本完好。
	J-D-05	文物建筑	保存基本完好。
	J-D-06	文物建筑	保存基本完好。
	J-D-07	文物建筑	保存基本完好。

续表

名称	建筑编号	建筑类型	建筑现状
酒店胡同西立面	J-X-01	文物建筑	山墙外墙面抹灰全部脱落,北侧院墙外墙面抹灰全部脱落,墙帽瓦件局部缺损。
	J-X-02	文物建筑	屋面被改造为红机瓦,屋面塌陷,漏雨严重,后檐墙外墙面抹灰大面积脱落,北侧院墙外墙面抹灰全部脱落,墙体向外侧歪闪失稳,墙帽瓦件大部分缺损。
	J-X-03	文物建筑	后建红机瓦大门。
	J-X-04	文物建筑	后建土坯砖建筑。
	J-X-05	文物建筑	后建红机砖、红机瓦大门。
	J-X-06	文物建筑	屋面被改造为红机瓦,木基层全部糟朽,屋面坍塌,后檐墙外墙面抹灰全部脱落,墙体向外侧歪闪。
	J-X-07	非文物建筑	在原建筑基础上新建红机砖、红机瓦建筑,外墙面水泥砂浆抹面,与建筑群风貌极不相符。

　　传统街巷的保护即保护李家疃现存历史建筑及传统街巷尽可能地完善其旧有的格局,重现往日风采,并向着生态治理、文化治理的方向发展。恢复传统街巷本身具有的自然生态性,从建筑色彩、立面轮廓线、建筑形制上能够完全融合在李家疃村美丽的自然环境中。挖掘沿街的文物遗迹,加以保护利用并与街道景观充分结合,建成两横两纵的文化走廊,凸显各个街巷的历史性,增加其文化内涵,满足人们在此赏景、休闲等文化需求。

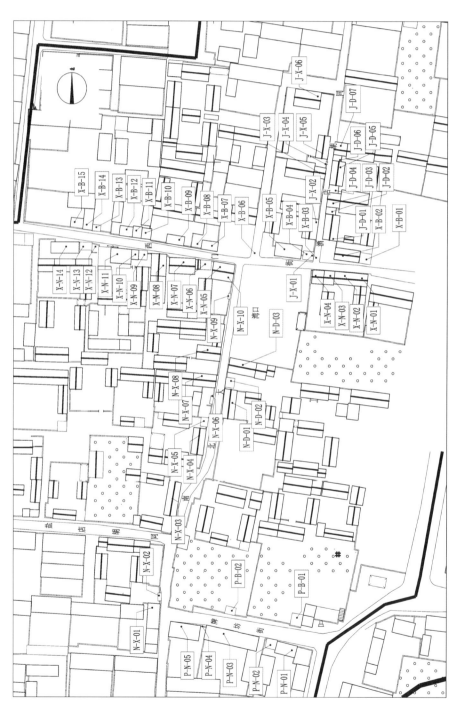

图5-1 沿街建筑编号图（1:1200）

传统街巷保护意在消除沿街文物建筑现存的病害隐患，调整并优化沿街非文物建筑的高度，对沿街突兀杂乱的非文物建筑立面进行统一设计，对沿街历史文化景观进行保护修复，对传统街巷道路铺装方式进行统一设计。

整治沿街建筑环境，是针对沿街非文物建筑的改造整治，实现李家疃古建筑群街巷的历史环境风貌统一协调。整治方法有拆除、整饬改造、重建三种。

拆除这种整治方法，一方面主要是针对建成年代较晚、与村落历史环境格局及建筑群传统风貌均极大不符的建筑以及临时搭建的简易建筑；另一方面，是针对水泥路面的拆除，拆除的同时需对村内的给排水、用电安防等设施做统一的设计，做好给排水管线、电路设施等埋设工程，拆除水泥路面改铺青石板，尽可能的与历史风貌相一致。

整饬改造是指对于建筑质量较好、风貌与传统建筑风格有一定差距的建筑采取的措施。主要通过降层、调整外观色彩、材料等整治手段，达到与环境的协调。平屋顶形式改为青瓦坡屋顶，体量较大的通过分割使其体量轻盈秀丽。建筑外立面应充分吸收传统建筑的体量、造型、门窗形式，外墙装饰构件之间的组合关系和形态特征。改造大面积的铁门、玻璃门窗，增设木结构大门，木质传统窗扇。建筑外装修材料选用毛石、青砖、小青瓦等材料，清除外墙面瓷砖、水泥，色彩不符合要求的进行统一重新粉刷或立面装饰，主要是通过局部拆除、高度调整、增加传统构件、改变建筑外立面装饰材料和色彩等手段对其进行立面调整，使其与传统建筑风貌相协调。

对于建筑形式与建筑群传统风貌不符、建筑质量较差或确难通过整饬改造方式达到要求的必要建筑或院落围墙可予以重建。重建建筑体量尺度、建筑形式等方面须与建筑群整体风貌协调一致，同时不得对文物建筑产生安全性影响。

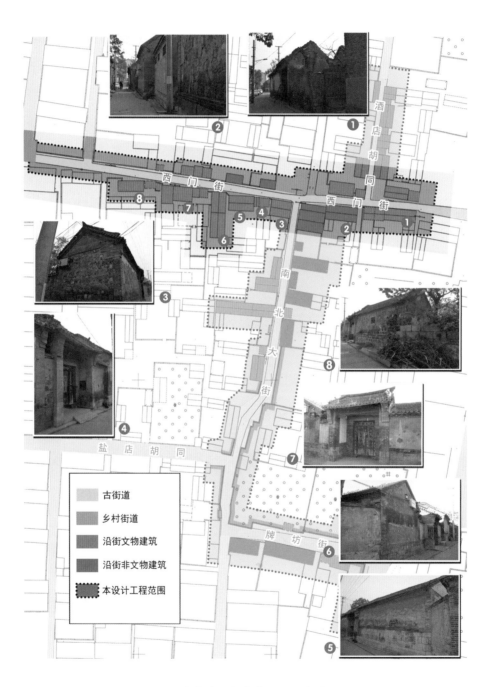

图 5-2　李家疃西门街南立面现状分析图

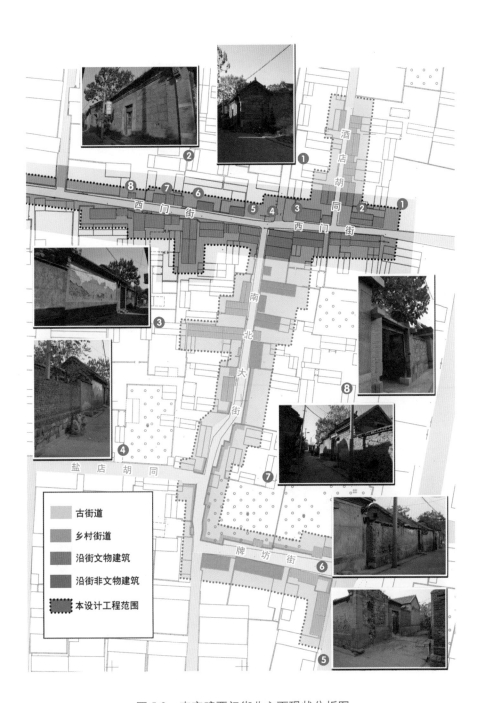

图 5-3　李家疃西门街北立面现状分析图

李家疃
古建筑群保护与研究

图 5-4　李家疃南北大街西立面现状分析图

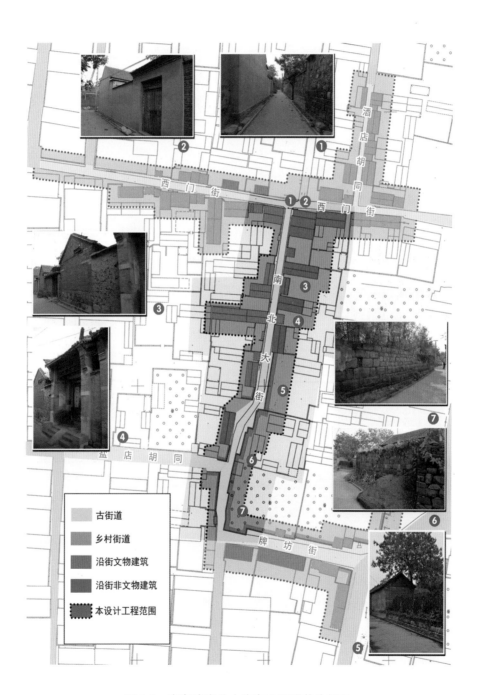

图 5-5　李家疃南北大街东立面现状分析图

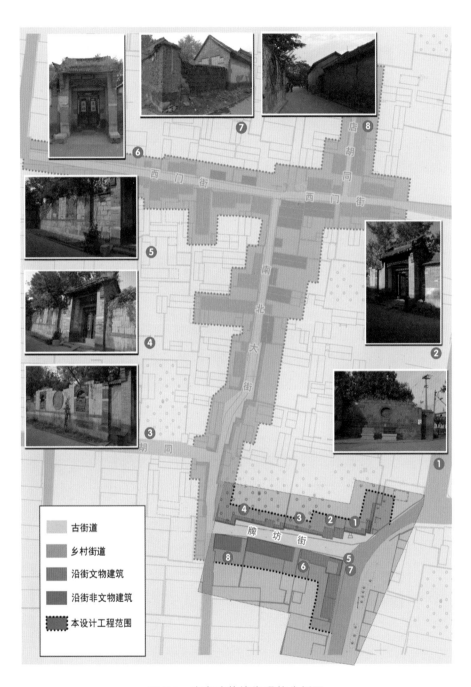

图 5-6　李家疃牌坊街现状分析图

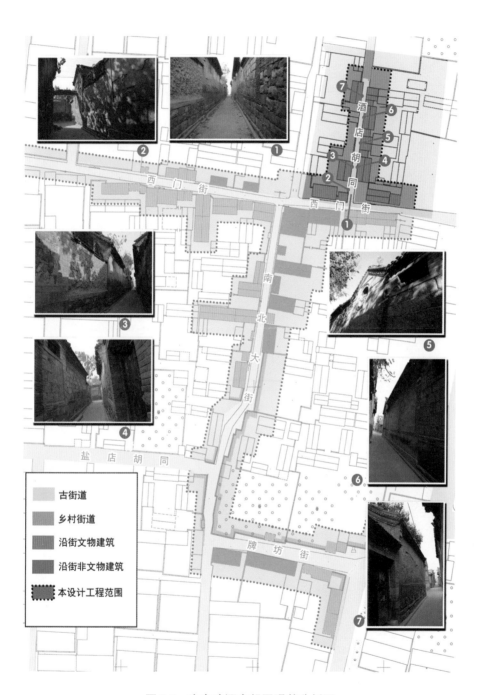

图 5-7　李家疃酒店胡同现状分析图

图 5-8-1　西门街未整治前

图 5-8-2　西门街整治后

图 5-9-1　南北大街未整治前

图 5-9-2　南北大街整治后

图 5-10-1　牌坊街未整治前

图 5-10-2　牌坊街整治后

图 5-11-1　酒店胡同未整治前

图 5-11-2　酒店胡同整治后

图 5-12-1　夙纲府三进院大门门前胡同未整治前

图 5-12-2　夙纲府三进院大门门前胡同整治后

（二）文物保护修缮项目

文物保护修缮项目是针对现存 21 座院落提出的总体保护工程类型，以指导具体保护工作的开展。科学合理的保护措施的提出需要恰当的评估体系，由此才能得出相应的评估结论，从而总体、客观地掌握古建筑群的保存情况。评估根据残损现状对文物本体的真实性、完整性、结构稳定性产生的影响分为"轻微残损""中度残损""严重残损"三个等级。具体分级标准为：对文物，未产生影响的定为轻微残损，产生较大影响的定为中度残损，产生严重影响的定为严重残损。通过评估，21 座院落中，轻微残损院落 1 座，为淑信门，占 4.7%；中度残损院落 14 座，分别为淑仁门、淑佺门、淑仕门、悦循门南院、昆龄宅、解元府、悦德门、悦徯门、悦赞门、盐店、悦行门、亚元府、夙纲府、悦循门，占 66.7%；严重残损 6 座，分别为敦化祖宅、悦衡门、悦屾门、淑俭门、淑徘门、怀隐园，占 28.6%。

文物保护工程类型依据评估结论确定，即轻微残损进行保养维护，中度残损进行现状修整，严重残损进行重点修复。

表 5-6 文物保护工程类型表

工程类型	主要内容	对应院落
保养维护	针对文物的轻微损害所做的日常性、季节性的养护。	淑信门
现状修整	针对中度残损的文物建筑，是在不扰动现有结构、不增添新构件、基本保持现状的前提下进行的一般性工程措施。主要工程有：归整歪闪、坍塌、错乱的构件，修补少量残损的部分，清除无价值的近代添加物等。修整中清除和补配的部分应保留详细的记录。	淑仁门、淑佺门、淑仕门、悦循门南院、昆龄宅、解元府、悦德门、悦徯门、悦赞门、盐店、悦行门、亚元府、夙纲府、悦循门
重点修复	针对严重残损的文物建筑，保护工程中对原物干预最多的重大工程措施。主要工程有：恢复结构的稳定状态，增加必要的加固结构，修补损坏的构件，添配缺失的部分等。要慎重使用全部解体修复的方法，经过解体后修复的结构，应当全面减除隐患，保证较长时期不再修缮。修复工程应当尽量多保存各个时期有价值的痕迹，恢复的部分应以现存实物为依据。	敦化祖宅、悦衡门、悦屾门、淑俭门、淑徘门、怀隐园

图 5-13　文物保存现状评估图

图 5-14　文物保护工程类型图

四、典型建筑保护

（一）屋面的保护

图 5-15　淑仁大门屋面长草

图 5-16　拆改后的屋面现状

图 5-17　悦循门二门屋面现状

图 5-18　悦屾门东厢屋脊保存现状

图 5-19　悦衡门正房屋面坍塌

古建筑的屋面部分体现了建筑等级、艺术、功能和形式。在古建筑做法中，对屋面的做法和设计有着十分完整、详细的规定。李家疃古建筑群在长期的居住使用过程中，因年久失修、人为改造等原因，建筑屋面长有杂草、灌木或乔木，被拆改为现代屋面瓦件，维修屋面时使用水泥，以及存在瓦件残损、缺失、松动、移位、瓦垄灰脱落，正、垂脊残损、歪闪、缺失，灰背层出现裂缝，屋面凹陷、塌落，望砖酥碱等病害。根据屋面出现的不同病害，对屋面的修缮应采取不同的维修措施。

表 5-7　　　　　　　　　　　　　屋面病害分析及维修措施表

病害类型	病害成因	危害
屋面长有杂草、灌木或乔木等	北方建筑多做苫背层，多数建筑苫背内掺有黄泥，为草木生长创造了条件。年久失修，捉节夹垄灰脱落，瓦垄内积土，草木种子飘落到瓦垄内，便可生根发芽，长出杂草甚至树木。	植物根系破坏灰背层，可使瓦件松动移位，造成屋面漏雨。年久木构件出现糟朽，修缮不及时可造成劈裂及折断，危及建筑安全。
屋面被拆改为现代瓦件；维修屋面时使用水泥等	早期屋面漏雨，村民自行修缮导致屋面形制改变。	改变了其原形制，古建筑外观产生较大改变。
瓦件残损、缺失、松动、移位、瓦垄灰脱落等	瓦件质量不合格；苫背灰、瓦瓦灰质量差；椽子糟朽、弯折、折断及木基层的残损；冻融等自然破坏及人为破坏因素。	增加了雨水对灰背层的侵蚀，使植物种子容易落到灰背层内。植物生长加速了对屋面的破坏，造成屋面漏雨。
正、垂脊残损、歪闪、缺失等，垂脊砖酥碱	冻融等自然破坏及人为破坏、拆改；瓦件质量不合格；苫背泥、坐瓦泥质量差。	造成屋面漏雨；影响建筑外观。
灰背层出现裂缝，屋面凹陷、塌落等	苫背灰、瓦瓦灰质量差；冻融等自然破坏及人为破坏因素。	造成屋面漏雨，对木基层、木构架造成破坏，年久则影响建筑稳定性。
望砖酥碱	屋面漏雨。	使建筑的安全性受到直接影响。

屋面的维修过程中，揭顶、做灰背和宽瓦等几方面是关键。

对现存干槎瓦屋顶进行揭顶卸瓦时，首先注意尽力保护原来的瓦件。拆除瓦顶的整个过程中，应配合照相记录工作，将保存良好的筒（盖）瓦、板瓦、勾头、滴水等瓦件上的灰、土铲除扫净，并按规格形制进行分类，对已风化酥碱、缺角断裂的瓦件做好照片记录及数量统计。完成揭顶屋面卸瓦后，对每座建筑苫背层的做法、厚度做好记录。某些建筑的灰背层由于年久失修，存在裂缝、空鼓酥裂等情况，铲除苫背移除时应注意保护望砖，避免望板或望砖层戳穿，以防望砖坠落发生工伤事故。若发现椽子有糟朽、断裂的情况，需预先在底部支搭安全架。重新装瓦前，可将新瓦及旧瓦分开集中安放，檐头瓦件按同种规格、花饰编组安放。

李家疃古建筑群的灰背做法有两种：一种是麻刀灰，另一种是滑秸泥。无论是麻刀灰还是滑秸泥，泼灰都是其必不可少的材料。泼灰是苫背的基本材料，泼灰的质量直接影响着屋面苫背的质量。在生石灰石上均匀泼洒清水，清水粉化后形成的石灰粉为泼灰。制作麻刀灰时应选择干净的麻刀，发霉变质的麻刀不可用。麻刀一定要均匀拆散，否则，其与灰掺和后结成麻刀蛋，会造成灰、麻比例不均，从而降低灰背的强度，导致麻刀多的部位灰背空鼓，强度降低，麻刀少的部位灰背容易开裂。滑秸泥使用的麦秸杆，应长度适中并碾压劈裂后使用。苫背时按传统工艺分层施工。其做法自下而上依次为：

望板（望砖）、勾缝使用深月白麻刀护板灰，灰、麻刀比例为100∶2（重量比）；厚护板灰厚20毫米，灰、麻刀比例为100∶4（重量比）；100毫米厚滑秸泥背分二层抹完，滑秸泥的配比为泼灰与黄土加水拌匀，灰与黄土为3∶7（体积比），焖8小时后掺入滑秸，滑秸长度为5~6厘米。滑秸应与石灰水烧软后与掺灰泥拌匀，掺灰泥、滑秸比例为100∶20（体积比）。每层泥背干至7~8成时要进行拍背，使泥背密实；最后"晾背"，将泥背晾至充分开裂后再开始苫青灰背。

青灰背使用大麻刀月白灰，灰、麻刀比例为100∶5（重量比）。需反复刷青浆和轧背，青灰背也需要晾背；观察灰背表面是否有裂缝，如有裂缝应及时修补。

宽瓦之前每块瓦件必须经过套瓦、审瓦，确定误差不超2毫米的瓦片才能作为一垄瓦件。每一垄瓦应堆放整齐，做好标记。挑出可以继续使用的旧瓦，集中用于前坡屋面。数量不够时，再添配新瓦。苫瓦时，使用月白麻刀灰（配比同护板灰）挂瓦，板瓦做到压七露三，瓦件底部用灰泥垫牢。最后做到瓦垄直顺，屋面曲线自然。底瓦苫平摆正，不侧偏；底瓦间缝隙不应过大，檐头底瓦无过缓现象；苫瓦灰泥饱满严实，瓦面和屋脊洁净美观；屋脊牢固平稳，整体连接好。苫瓦后，使用毛刷将每垄残留的灰泥刷干净，瓦面使用青灰浆刷一遍。

（二）木构件的保护

木材作为建筑材料有其独特的优势，如绿色环保、可再生、可降解、施工简易、工期短、冬暖夏凉、抗震性能优良等。但木材不能长久地保存是古建筑保护面临的最大问题。因年久失修，木材常会出现开裂、糟朽、变形的问题。木材使用前干燥处理不彻底、含水率与当地的湿度和温度不相符，是木材日后开裂的主要原因。李家疃古建筑群的木构件包括木基层、木构架和木装修几部分。木基层的病害主要体现在望板椽子及大、小连檐弯折、折断、糟朽、开裂、拆改与不当修缮上。木构架病害主要有柱、梁、檩糟朽、干裂、劈裂、断裂、移位、拔榫。木装修的病害有门窗被封堵，或改为现代门窗，门被改成窗，构件糟朽、残损、变形、开裂等。

表 5-8 木构件病害分析表

病害类型	病害成因	危害
椽子、大、小连檐弯折、折断、糟朽、开裂	木构件由于始建时木材含水率过高，后期木材的干缩、湿涨的变化中产生干缩裂缝和变形。檐口处瓦件残损或灰缝脱落，导致木构件受潮糟朽和变形。	容易导致檐口下沉；使檐口处瓦件容易脱落。
木基层的拆改与不当修缮	早期屋面漏雨，村民自行修缮对木基层拆除或改造改变其原做法。	改变了其原形制，古建筑屋面结构产生较大改变。
柱、梁、檩糟朽	由于木构件长时间处于不利于其保存的温度、湿度下等因素下，木腐菌将木材纤维分解。	柱根糟朽使柱根受力截面变小，影响木结构整体安全；梁柱节点处糟朽降低节点转动刚度，容易导致节点松脱、刚度减小，使木结构整体变形。

续表

病害类型	病害成因	危害
柱、梁、檩干裂、劈裂、断裂	大木构件由于始建时木材含水率过高，后期木材的干缩、湿涨的变化中产生干缩裂缝；主要结构构件存在干缩裂缝，同时还承受各种外力作用，长时间受压出现劈裂甚至断裂；木构件糟朽或朽烂可导致断裂，后期拆改使上部荷载过大，致使木构件直接断裂。	使建筑的安全性受到直接影响，多数建筑的坍塌与主要木构架的断裂有直接关系。
柱、梁、檩移位、拔榫	历史上的地震；地基不均匀沉降；木材的变形可使木构架移位、拔榫。	使拔榫部位转动刚度变小，在外界各种力的作用下导致木结构古建筑木构架倾斜、歪闪，严重影响结构的整体稳定性。
柱、梁、檩变形	木材由于干燥和湿胀变形过程中，同时还承受各种外力作用，导致扭曲变形。	严重削弱受力截面面积，木材强度下降。降低木材承载力和整体稳定性。
木构架的歪闪、倾斜	节点拔榫、移位；基础不均匀沉降。	导致荷载传递路径不清晰，造成木结构整体性变差，影响木结构的稳定性，严重时导致木结构倒塌。
门、窗或其他装饰性木构件在使用过程中被封堵，窗被改成门，门被改成窗等	村民的自行修缮导致门窗形制改变；后期居民使用过程中，由于门窗年久失修、残损等影响居民生活，自行修缮、封堵或改为现代门窗。	改变了其原形制，对古建筑外观产生较大改变。
门、窗等其他装饰性木构件常年的使用过程中的磨损、残损	后期居民使用过程中，木构件的正常磨损，如门槛、门轴等。	影响外观及实用性，导致门窗变形。
门、窗等其他装饰性木构件整体或局部的糟朽	由于木构件长时间处于不利于其保存的温度和湿度下，木腐菌将木材纤维分解。	影响外观，降低木构件的使用强度。
木装修材质的变形与开裂	木材的开裂与变形主要是由于干燥和湿胀变形后，没有自由变形的空间，木材被拉裂、挤歪、扭曲变形。	影响外观及实用性。

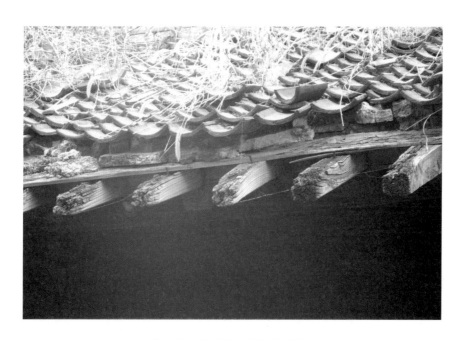

图 5-20　怀隐园大门檐口的残损

图 5-21　怀隐园大门博缝板糟朽

图 5-22　亚元府南房椽子糟朽

图 5-23　悦赞门东厢房椽子断裂

图 5-24　淑俪门三进院东厢房梁架糟朽

图 5-25　夙纲府一进院正房梁头檩条糟朽

图 5-26　亚元府南房梁头朽断

图 5-27　夙纲府一进院正房柱劈裂

图 5-28 淑仁门二门过梁朽烂虫蛀断裂

图 5-29 解元府正房后窗

图 5-30　淑俭门一进院正房对门窗拆改

图 5-31　解元府正房后窗残损细部

图 5-32　悦衡门东厢门窗缺失

图 5-33　悦循门正房隔扇窗保存现状

图 5-34　淑信门西厢房窗框糟朽

图 5-35　悦循门正房挂落缺失

表 5-9　木构件修缮措施表

部位	残损状况	修缮说明	做法要求
梁	干缩裂缝宽度小于5毫米	使用腻子膏勾缝。维修前需确定裂缝深度(当有对面裂缝时,用两者之和)不超过截面尺寸的1/4。如遇裂缝深度超过1/4,需在开裂处加铁箍。铁箍宽50毫米,厚5毫米,每500毫米、箍一道。铁箍应嵌入木材内,使其外皮与木材外皮齐平。	待做油饰处理基底时,使用腻子勾缝。要求使用环氧树脂腻子(配比:304 号不饱和聚酯树脂100 克。1 号固化剂:过氧化环一酮苯 4 克。一号促进剂:环烷酸钴苯乙烯液 2 ~ 3 克。石英粉:100 克。使用时先加固化剂,搅拌均匀,再加促进剂搅拌均匀,加入适当石英粉)。
	干缩裂缝宽度超过5毫米时	用干燥旧木条嵌补,用结构胶粘牢,视具体情况确定是否加铁箍。	用干燥的木料(和柱子同材质的木料),用环氧树脂 E-44 胶粘接。
	糟朽深度小于 10 毫米	砍刮干净进行防腐防虫处理,使用腻子膏填补糟朽部位。	处理完基底使用腻子抹平。要求使用环氧树脂腻子,后重做油饰。
	糟朽深度大于 10 毫米,且不足梁直径25%	砍刮干净,进行防腐、防虫处理,后进行挖补处理。	使用干燥木材按所需形状及尺寸,使用耐水胶粘剂贴补严实。贴补木材厚度为直径的15% ~ 25%时应再加铁箍加固。如糟朽部位处于与墙体交接部位,则使用斜面接头加锚铨固定。
	糟朽的断面面积大于构件设计断面的1/5,长度超过1/5 时	更换。	按照原构件尺寸原样重做。
	缺失、朽烂	添配。	按照设计尺寸原样重做。

续表

部位	残损状况	修缮说明	做法要求
檩	槽朽深度小于5毫米	砍刮干净,进行防腐、防虫处理,使用腻子膏填补槽朽部位。	处理完基底,使用腻子抹平。要求使用环氧树脂腻子,后重做油饰。
	槽朽深度超过5毫米	砍刮干净,进行防腐、防虫处理后,用干燥旧木料剔补。	用干燥的木料(和柱子同材质的木料),用环氧树脂E-44胶粘接。
	槽朽的断面面积大于构件设计断面的1/5	更换。	按照原构件尺寸原样重做。
	干缩裂缝宽度小于5毫米	使用腻子膏勾缝。	待做油饰处理基底时,使用腻子勾缝。
	干缩裂缝宽度超过5毫米	干燥旧木条嵌补,用结构胶粘牢,视具体情况确定是否加铁箍。	用干燥的木料(和柱子同材质的木料),配合环氧树脂E-44胶粘接。
枋	缺失	添配。	按照设计尺寸原样重做。
椽	直椽槽朽,当槽朽深度在20毫米以内,长度小于1/3	砍刮干净,进行防腐、防虫处理,用干燥旧木料剔补。	使用干燥木材按所需形状及尺寸,使用耐水胶粘剂贴补严实。
	直椽槽朽深度超过20毫米	更换。	按照原构件尺寸原样重做。
	飞椽槽朽深度在20毫米以内	砍刮干净进行防腐防虫处理,用干燥旧木料剔补。	在挑修屋面时,对拆除旧椽子的长短调解更换,以长补短。
	飞椽槽朽深度超过20毫米	更换。	重做飞椽时的木料应优先考虑使用尺寸合适的、符合质量要求的旧木料。

续表

部位	残损状况	修缮说明	做法要求
连檐	连檐表面糟朽,深度5毫米以内	砍刮干净,进行防腐、防虫处理,使用腻子膏填补糟朽部位。	处理完基底,使用腻子勾缝。要求使用环氧树脂腻子,后重做油饰。
	连檐糟朽超过深度5毫米,或变形、朽烂	更换。	应优先考虑使用符合质量要求的旧木料,按照设计尺寸原样重做。
木装修	槛框、隔扇、倒挂楣子、花牙子变形	归安修正、紧固榫卯。	—
	槛框、隔扇变形	如不影响使用可现状保存,如影响门窗使用,需对变形构件进行修正。	拆开槛框、隔扇榫卯、清理杂质接口处重新修型、重新组装。
	局部缺失	补配和修补整齐。	应优先考虑使用符合质量要求的旧木料。
	抱框或木构件存在干缩裂缝	使用腻子膏勾缝。	重做油饰处理基底时,使用腻子勾抹裂缝。
	抱框、板门、窗榇等木装修的糟朽或残损	修补残损部位,残损严重的可重做部分木构件。视具体情况,对于糟朽部位可剔补,对于有糟朽现象但不影响正常使用的木构件可以现状保存。	处理完基底使用腻子抹平,要求使用环氧树脂腻子,后重做油饰。
	木楼梯栏杆缺失、木构件糟朽、裂缝、虫蛀等	添配木楼梯缺失栏杆;砍刮干净糟朽部位,进行防腐、防虫处理,使用腻子膏填补糟朽和虫蛀部位;用干燥旧木条嵌补裂缝处,用结构胶粘牢。	按照设计尺寸原样重做缺失栏杆;用干燥的木料(和木楼梯同材质的木料),用环氧树脂E-44胶粘接。

木构架维修过程中使用的木材，原则上应使用原树种，并尽量避免替换整根原木料；遇到由于各种情况导致无法确定树种时，使用当地常用树种，所选木材缺陷值及含水率要求符合《木结构设计规范》《古建筑木结构维护与加固技术规范》等相关规范的选材标准。对于需加固和更换的木材，在不影响工程质量的前提下，进行加固，并做好照片及数量统计等记录。维修时，对建筑所有木构件进行防虫、防腐处理。更换的构件先进行防虫、防腐处理后才能安装，隐蔽部位的防虫防腐处理应特别注意。与墙体接触的木构件，先进行防虫、防腐处理，再刷防潮沥青后安装。推荐使用菊酯合剂，按 $0.3 \sim 0.5 kg/m^3$ 或 $300 g/m^2$ 配合 7504 有机氯制剂使用，做防虫、防腐处理。

（三）墙体、墙面的保护

李家疃古建筑群的墙体有四种砌筑方式，分别为淌白墙、糙砖墙、碎砖墙、土坯墙；病害有墙体坍塌、倾斜、裂缝，墙砖酥碱，墙面拆改、空鼓、起翘、脱落等。

表 5-10　　　　　　　　　　墙体、墙面病害分析表

病害类型	病害成因	危　害
墙体坍塌、倾斜	木构架倾斜,地基不均匀沉降,墙体青砖酥碱严重。	使建筑失去基本的实用价值。墙体强度下降,承载力下降。存在安全隐患。
墙体裂缝	木构架倾斜,地基不均匀沉降。	墙体强度下降,承载力下降。
墙面酥碱	环境潮湿,在多重作用下砖表面逐层脱落。	影响外观;墙体强度下降,承载力下降。
墙面拆改	墙面酥碱或砖缝灰脱落后,村民使用水泥砂浆勾抹或罩面。	改变了原形制,使古建筑外观产生较大改变。
墙面空鼓、起翘、脱落	冻胀现象造成的外墙面表层空鼓,施工工艺不当或者受潮等原因造成墙面起翘、起鼓。	墙面外观产生较大改变。

图 5-36　昆龄宅南房坍塌

图 5-37　悦衡门正房内墙坍塌

图 5-38　淑信门西厢房墙体裂缝

图 5-39　夙纲府一进院正房青砖酥碱

图 5-40　淑俭门大门使用水泥

图 5-41　夙纲府一进院正房墙皮脱落

墙体墙面的维修主要包括墙体砌筑、青砖酥碱及墙体裂缝的处理、墙面做法、砖石选材几方面。

墙体砌筑中淌白墙、糙砖墙、碎砖墙的砌筑重点各有不同。重砌淌白墙时，糙淌白要使用淌白拉面砖，使用中麻刀灰打灰条，灰缝厚度为 4～6 毫米。每层砌完后要用白灰浆灌浆，最后打点缝子。采用小麻刀灰打点缝子，要求砖棱干净，灰缝平整严实。糙砖墙砖料不需砍磨，灰为月白麻刀灰，使用带刀缝做法，灰缝控制在 5～8 毫米。砌筑完毕后用瓦刀或溜子划出凹缝，缝子应深浅一致。李家疃一些古建筑墙面采用了四角硬软心做法，其中有些"软心"部分是采用了碎砖墙的砌筑方式。碎砖墙在当时为比较经济的砌筑方法，但碎砖墙砌筑施工时并不是特别容易，须特别注意使用掺灰泥，即生石灰粉与黄土拌匀加水，并保证充分熟化后使用，以防墙面鼓胀。灰与黄土的比为4:6（体积比）。大面积的碎砖墙，墙内要有足够的丁砖，并且要分布均匀；每隔500 毫米砌一层丁砖，要与四角整砖咬拉结实；填馅砖应与里、外皮同层砌筑；砖填入后，砖的上、下、左、右要填满灰，左右不可留出缝隙。

　　针对墙体青砖酥碱的病害，根据其酥碱深度，分别处理：对于酥碱较轻微的、深度不超过 5 毫米的青砖，清理表面酥碱部位后现状保存；对于酥碱深度≥5 毫米的青砖，进行剔凿挖补处理。挖补时，先用錾子将墙体酥碱深度达到 20 毫米 以上不能满足使用要求的青砖凿掉，凿去的面积应是单个整砖的整数倍，然后用相同规格的青砖补砌，里面要用灰背实。对酥碱深度较小的墙面青砖，清理表面酥碱部位后现状保存。

　　墙体裂缝的处理根据砖墙和土胚墙的不同特性分别处理。青砖墙墙体裂缝宽度在 10 毫米以内的稳定缝隙可用白灰砂浆勾缝。对于裂缝较深的加以灌浆处理，以后注意其发展程度；若裂缝宽度超过 10 毫米，需局部拆砌。墙体局部拆砌时，要选用色泽与墙体尽量相似的青砖，按原墙面灰缝大小砌筑，对由于青砖墙灰缝脱落导致的青砖松动可以对其灌浆并勾缝处理。如裂缝处于墙体的中下部，而整面墙体保存较好时，应用择砌方法，必须边拆边砌，一次择砌的长度不应超过 50～60 厘米；若只择砌内外皮时，长度不超过 1 米。土坯墙墙体裂缝宽度在 10 毫米以内的稳定缝隙可用白灰砂浆勾缝，以后注意其发展程度；若裂缝宽度超过 10 毫米时，需局部拆砌。墙体局部拆砌时，选用当地黄土制作土胚砖进行局部补砌，拆砌完毕后重做外墙面。对一些不影响结构安全的并超过 10 毫米的趋于稳定的墙体裂缝维修时可以避免拆砌，以减少对文物的干预。视具体情况也可现状保存或使用白灰砂浆勾缝，并关注裂缝的发展趋势。

　　墙面做法有青砖墙面和白灰墙面两种。青砖墙面维修时，要清除外墙面附着的污垢或后期勾抹的水泥砂浆。清除后期维修时的水泥砂浆抹面，应采取剔补的办法除去砖石墙面上的水泥砂浆，即用硬毛刷、凿子、铁铲、竹刀等配合吸尘器将水泥砂浆部分剔除干净。墙面应浇水湿透，用掺灰泥或麻刀灰把灰缝堵严填平。白灰墙面维修时应清除鼓胀、污染墙面和抹灰，清理干净方整石墙或土胚墙基层墙的表面。墙面由内向外做法：

　　土胚墙心（或碎砖墙）—10～20 毫米滑秸泥找平—5～7 毫米厚麻刀灰—外刷白灰浆罩面。

　　滑秸泥中的泥料使用掺灰泥，掺入的滑秸使用小麦秆。使用前将麦秆剪短长度为 3 厘米左右，使用斧子把麦秆砸劈，然后用白灰浆把滑秸烧软，最后再用掺灰泥拌匀。

维修过程中选材的规格、质量要达标。青砖需根据维修中所需规格定烧；新砖强度等级≥MU7.5。质量应保证砖块无开裂，砖棱应平直，不变形，无缺楞掉角，外观色调一致，尺寸误差小于5毫米。砌砖使用中麻刀灰，灰与麻刀比为100∶4，麻刀加工后长度不超过5厘米；打点缝子使用小麻刀灰，灰与麻刀的质量比为100∶2，麻刀应尽量剪短，麻刀经加工后长度不超过1.5厘米；罩面使用的麻刀灰与打点缝子使用的灰要求一致；滑秸泥灰与黄土的比为3∶7，灰泥与滑秸的比例为5∶1（体积比）。新添砖、石构件与原墙体砖、石规格和质量相同。砌筑时尽量使用拆除下来的旧砖石。特别是墙体最外皮砖石应使用原构件砌筑，以便更多地保存建筑的历史信息。

（四）地面的保护

地面的使用最为频繁。古建筑经过几十年甚至上百年的使用，地面残损是比较严重的，而且也是最容易被拆改的部位之一。李家疃古建筑中地面多数被拆改为瓷砖地面或水泥地面，保存下来的青砖地面均有凹陷、坑洼不平，地面砖残损严重等现象。

表 5-11　　　　　　　　　　　地面病害分析表

病害类型	病害成因	危　害
拆改	青砖地面残损、地面凹陷或原灰土地面是为了适应现代生活的需要，修缮不及时，村民自行修缮导致屋面形制改变。	与原建筑做法不符。
残损	长久的使用过程中，地面砖的磨损或碎裂等。	影响外观及实用性。
凹陷	长久的使用过程中，地面基层变形，造成坑洼不平，常见于使用频繁的地面处。	影响外观及实用性。
石质构件风化、断裂、走闪	野生树木根系的撬动，地表水及地下水的浸渗致地基下沉，冻融破坏，人为破坏。	影响外观及实用性。

图 5-42 悦赞门大门地面使用水泥

图 5-43 淑俭门现代瓷砖地面现状

图 5-44　悦溪门院落铺地

针对被拆改为水泥或瓷砖地面的现象，根据相邻建筑室内青砖地面规格、样式，恢复青砖地面。首先清除水泥皮和旧垫层，素土夯实；然后做灰土垫层，用 3∶7 灰土两步，虚铺 15 厘米，夯实后达到 12 厘米，找平灰土垫层并用铁拍子将表面拍平；灰土垫层做好后，在其上铺 20 毫米厚掺灰泥（1∶3 石灰砂浆）坐底垫层，再用麻刀灰和麦秸灰墁 280×140×60 青条砖，最后用 1∶2 白灰砂浆勾缝。

（五）油饰维修工程

李家疃古建筑群中木构件的油饰褪色、脱落均比较严重，多数已呈现原木色，部分板门上还留有标语或画面。为了尽量保留其历史风貌，维修时注重对现状的保护，对油饰不再进行恢复。具体维修做法为：对于木构件表面保存较好的可用毛刷（难以清理的部位可使用钢刷）清理干净；难以清除的现代油漆可使用稀释剂 NY-200 清除，完全干透后刷生桐油三遍；对于木构件表面有裂缝或糟朽的需先对裂缝和糟朽部位做填补、剔补处理，使用结构胶使其粘牢后再刷桐油三遍。新换木构件表面用火熏烤，使表层稍许碳化，清理干净表面灰烬后刷桐油三遍。

图 5-45　板门油饰脱落

图 5-46　板门刷桐油后

（六）建筑维修实施中注意事项

维修过程中，各项工程严格按照中华人民共和国《古建筑修建工程质量检验评定标准（北方地区）CJJ39-91》相应条款有关标准、规范、规程操作施工。因勘测条件的限制而无法勘测到的残损状况，维修工程进行时，增加相关部位勘测并制定维修保护方案，经有关文物行政部门批准后实施。拆除水泥砂浆地面时，注意原始地面是否存在，如存在原始地面并且保存状况良好，在拆除现代地面时避免下部的原始地面受到损坏。

五、环境治理

李家疃古建筑群存在的环境问题包括不协调建构筑物、沿街环境杂乱以及生活垃圾堆放无序等。不协调建构筑物包括：20世纪80年代后期搭建和插建的住宅，以及中华人民共和国成立后在原建筑基础上后建的建筑。这些建筑大都为红机砖、红机瓦建筑，空间布局和建筑形式与李家疃古建筑群传统风貌不符。沿街环境杂乱的问题有沿街电线杆和高空电线影响景观、街巷两侧长有杂草等情况，其中比较突出的是地面铺装杂乱。

环境治理的目标是通过对不协调建筑、地面铺装的整治、杂草垃圾清理，使李家疃背景环境和景观特征符合历史风貌，恢复传统街巷格局。

环境治理包括不协调建筑整治、绿化工程两方面。不协调建筑整治要以人为本、因地制宜、满足功能，以街道现状为基础进行线性布置；充分考虑设计可行性，尽量减少拆迁和重建工程量，保护现存传统建筑不被破坏，尽可能完善其原有格局，最大程度保留现有遗存历史信息；挖掘地方做法，凸显当地建筑特色和文化氛围，从建筑色彩、立面轮廓线、建筑形制上实现环境风貌协调，不过分追求修缮效果，尽量保留建筑群的历史沧桑感，充分考虑满足居民生产、生活要求。绿化工程控制要保护古树名木和现有大树，培育优势树种，因地制宜，以"适地适种"的原则，发挥植物的多种功能优势，对各类植物景观的植被覆盖率、植物结构、季相变化、主要树种、地被与攀缘植物、特有植物群落、特殊意义植物等，有明确的分区分级的控制性指标及要求。

六、文物消防

李家疃村给水系统为人工蓄水池给水，容量 180 立方米，可满足全村生活供水需要，但不能满足消防需要，且缺少必要的消防设施，多条道路不满足消防通道要求，建筑内没有配备基本的消防器材。

根据《建筑设计防火规范》（2018 年）第 5.1.2 条的规定：以木柱承重且以不燃烧材料作为墙体的建筑物，其耐火等级应按四级确定。根据《农村防火规范》（2010 年）第 4.0.5 条：四级耐火等级建筑物间的防火间距不能小于 6 米。

李家疃古建筑群的建筑材料虽大多为砖石结构，但仍有部分建筑为砖木石结构，其耐火等级应符合四级要求。但李家疃古建筑之间相互毗连，距离太小不能满足现行技术规范规定的防火间距要求。

李家疃村供电电源从村东南八三厂 6kV 电源接入，经村庄变电箱转 380V 低压入户，电力线路皆为高空架设。日常生产生活中，居民乱拉乱接电气线路，在电气线路上搭、挂物品现象普遍；有些民居内电线直接安装在可燃木质材料上，没有穿金属管或阻燃的 PVC 管进行保护；还有些居民使用铜丝、铁丝代替保险丝、使用大功率照明灯具和用电设备等，存在火灾隐患。居民生活、生产用火，基本还是沿用传统的方式，部分居民生活用火还采用烧柴草的方式；另外，冬季使用火炉取暖现象普遍，还有不少居民利用土灶从事食品加工经营。这些传统的用火方式，缺少相应的防火措施。

消防项目包括消防给水系统、消防通道、消防设施配置、生产用火用电设施改造、防火隔离设置、电气火灾防范系统等。

消防系统采用消防用水与给水共网，保留现蓄水池并再建一处容量 100 立方米的蓄水池，作为备用消防水池；配备机动消防泵、水枪、水带等消防设施；每台机动消防泵至少应配置总长不小于 150 米的水带和两支水枪。给水管网布置形式采用环状与枝状相结合的方式。给水工程设施及管网规划应避让文物及历史建筑，历史街巷中的管线布置在原有街巷断面宽度内解决，主管经为 DN100，支管径为 DN65。

合理设计消防通道和交通组织，消防车通道宽度不小于 4 米；设置消火栓，且间距不超过 80 米；开辟一定的消防应急通道，利于救火和疏散；结合文物保护范围内的环境整治项目，把拆除的建筑空地以及现状中的闲置空地设置成避难场，避难场所应配置应急广播和照明系统；鼓励恢复和采用传统消防设施，逐步配置小型家用消防装备；在消防车无法通行的街巷上，每隔 80 米设一个双口双阀室内消火栓。同时根据需要配置微型消防车、消防摩托、消防斧、消防钩、消防梯、消防安全绳等消防设备和消防器材；在建筑内部按每 100 平方米配 2 具手提式 4 公斤 ABC 干粉灭火器。

改变居民的用火方式，推广使用省柴灶，争取集中供暖；杂草堆放要与生火点隔离；电力架空线改为地埋，宅间路等路面宽度较窄时则将电力管线在建筑后墙做隐蔽处理；室内电力线路应包绝缘套管，文物建筑支线选用 ZR-BV-500V 阻燃导线，其他建筑支线选用 BV-500V 绝缘导线。导线经电线线槽（内设区隔备用回路的隔板，外涂防火涂料）沿墙明敷。按照《农村防火规范》（2010 年）的相关要求，对民居内电气线路乱拉乱接问题进行集中清理。

根据《文物建筑防火设计导则》（试行），按照李家疃古建筑群的布局，分别以西门街、南北大街、酒店胡同、牌坊街为边界设置五大消防分区，即淑俭门、夙纲府、淑㛍门、悦循门、怀隐园片区，亚元府、悦岫门、悦赞门、悦衡门、悦徯门、悦德门、悦行门、盐店、解元府片区，悦循门南院、敦化祖宅、淑信府、淑佺府、淑仕府片区，昆龄宅片区和淑仁门片区。同时，在维修文物建筑时，注意防火分区和防火分隔的设计，以建筑院落为单位划分防火分区、设置防火隔离带；对文物建筑运用现代技术，在不改变建筑的可燃构件及装饰物的色彩质地和尺寸的前提下，在可燃材料的表面涂覆新型木材专用型阻燃剂，形成一层保护性的阻火膜，以降低木材表面燃烧性能，阻止火灾迅速蔓延；照明灯具应与可燃物保持足够的安全距离，当必须敷设在可燃材料上时应给其穿金属管、阻燃套管保护，不得将电线直接敷设在可燃的构件上；在不影响古建筑原有风貌的前提下，对具备实施条件的建筑安装简易喷淋、漏电火灾自动报警系统等设施。

另外，需加强消防宣传，健全李家疃村培训教育机制，加大消防宣传力度。在李家疃村所在的区域设置村落疏散示意图、取水点标识以及消防宣传漫画、警句为主要内容的宣传橱窗，建立集消防法制教育、防火知识普及为主要内容的消防宣传廊，提高居民消防安全意识。

七、展示利用

李家疃村展示利用资源丰富，包括山水格局、传统街巷、文物建筑、特色构筑物等物质文化遗产以及民间艺术、民间传说等非物质文化遗产。村内未对这些资源组织专门展示利用。

展示利用项目包括展陈设施、公共服务设施、标识设施、停车场的建设以及展示游线的设置等。

展陈设施建设要满足李家疃村及古建筑群的展示需求。展示用建构筑物设施的建筑风格应简洁，整体典雅大气，与村落及其周边环境相协调，且应依据功能需求，严格控制展示用建构筑物设施的体量。公共服务设施应以尽可能满足游客最低服务需求为原则，按照相关规范统一设置，提高服务水平，保障游憩环境的宜人与舒适；风格要简洁，造型整体典雅大气，可辨识性强；色彩以灰绿为主调，朴素大方。标识设施包括全景牌、指路牌、解说牌、忠告牌、服务牌和文保碑等，应依据阐释与展示体系要求，统一设计配置；标识均采用图标、图片和文字相结合的形式，力求清晰、准确传达信息；标识设施要风格简洁，色调朴素，可辨识性强，整体典雅大气，并与自然环境相协调。建设生态型停车场所，满足团体旅游和自驾游的存车需求。展示游线满足客流的安全与畅通，以步行为主，部分游线紧急情况下可通车，满足消防和物品运输需求；道路系统要满足救灾避难和日照通风的要求。

　　李家疃古建筑群展示可采用实体展示、馆藏陈列展示、辅助展示等方式。实体展示主要通过规划参观路线，让游客实地参观，身临其境，对李家疃古建筑群的现存面貌、历史状态、整体环境、空间构成、总体布局等获得真实的空间景观体验；馆藏陈列展示可通过主题陈列及复原场景陈列，对不同的区域进行不同主题的陈列展示；辅助展示包括导游和解说、声光电辅助展陈手段、路线图说明等，同时配合展示需要建设出入口、停车场、厕所、标识、解说系统、休息坐椅等。

附　录

一、相关批复文件

住房和城乡建设部　国家文物局
关于公布第五批中国历史文化名镇（村）的通知

建规［2010］150号

各省、自治区、直辖市住房城乡建设厅（建委）、文物局（文化厅、文管会）、北京市农村工作委员会、天津市规划局：

根据《中国历史文化名镇（村）评选办法》（建村［2003］199号）等规定，在各地初步考核和推荐的基础上，经专家评审并按《中国历史文化名镇（村）评价指标体系》审核，住房和城乡建设部、国家文物局决定公布河北省涉县固新镇等38个镇为中国历史文化名镇（见附件1）、北京市顺义区龙湾屯镇焦庄户村等61个村为中国历史文化名村（见附件2）。

请你们按照《历史文化名城名镇名村保护条例》的要求，进一步理顺管理体制，切实做好中国历史文化名镇（村）的保护和管理工作。要加强对中国历史文化名镇（村）规划建设工作的指导，认真编制保护规划，制定和落实保护措施，杜绝违反保护规划的建设行为的发生，严格禁止将历史文化资源整体出让给企业用于经营。

住房和城乡建设部、国家文物局对已经公布的中国历史文化名镇（村）的保护工作进行检查和监督；对保护不力使其历史文化价值受到严重影响的，将依据《历史文化名城名镇名村保护条例》进行查处。

附件：

1. 第五批中国历史文化名镇名单（略）
2. 第五批中国历史文化名村名单

中华人民共和国住房和城乡建设部

国家文物局

二〇一〇年七月二十二日

附件：

第五批中国历史文化名村名单

1. 北京市顺义区龙湾屯镇焦庄户村
2. 天津市蓟县渔阳镇西井峪村
3. 河北省井陉县南障城镇大梁江村
4. 山西省太原市晋源区晋源镇店头村
5. 山西省阳泉市义井镇大阳泉村
6. 山西省泽州县北义城镇西黄石村
7. 山西省高平市河西镇苏庄村
8. 山西省沁水县郑村镇湘峪村
9. 山西省宁武县涔山乡王化沟村
10. 山西省太谷县北洸镇北洸村
11. 山西省灵石县两渡镇冷泉村
12. 山西省万荣县高村乡阎景村
13. 山西省新绛县泽掌镇光村
14. 江苏省无锡市惠山区玉祁镇礼社村
15. 浙江省建德市大慈岩镇新叶村
16. 浙江省永嘉县岩坦镇屿北村
17. 浙江省金华市金东区傅村镇山头下村
18. 浙江省仙居市白塔镇高迁村
19. 浙江省庆元县松源镇大济村
20. 浙江省乐清市仙溪镇南阁村
21. 浙江省宁海县茶院乡许家山村

22. 浙江省金华市婺城区汤溪镇寺平村

23. 浙江省绍兴县稽东镇冢斜村

24. 安徽省休宁县商山乡黄村

25. 安徽省黟县碧阳镇关麓村

26. 福建省长汀县三洲乡三洲村

27. 福建省龙岩市新罗区适中镇中心村

28. 福建省屏南县棠口乡漈头村

29. 福建省连城县庙前镇芷溪村

30. 福建省长乐市航城街道琴江村

31. 福建省泰宁县新桥乡大源村

32. 福建省福州市马尾区亭江镇闽安村

33. 江西省吉安市吉州区兴桥镇钓源村

34. 江西省金溪县双塘镇竹桥村

35. 江西省龙南县关西镇关西村

36. 江西省婺源县浙源乡虹关村

37. 江西省浮梁县勒功乡沧溪村

38. 山东省淄博市周村区王村镇李家疃村

39. 湖北省赤壁市赵李桥镇羊楼洞村

40. 湖北省宣恩县椒园镇庆阳坝村

41. 湖南省双牌县理家坪乡坦田村

42. 湖南省祁阳县潘市镇龙溪村

43. 湖南省永兴县高亭乡板梁村

44. 湖南省辰溪县上蒲溪瑶族乡五宝田村

45. 广东省仁化县石塘镇石塘村

46. 广东省梅县水车镇茶山村

47. 广东省佛冈县龙山镇上岳古围村

48. 广东省佛山市南海区西樵镇松塘村

49. 广西壮族自治区南宁市江南区江西镇扬美村

50. 海南省三亚市崖城镇保平村

51. 海南省文昌市会文镇十八行村

52. 海南省定安县龙湖镇高林村

53. 四川省阆中市天宫乡天宫院村

54. 贵州省三都县都江镇怎雷村

55. 贵州省安顺市西秀区大西桥镇鲍屯村

56. 贵州省雷山县郎德镇上郎德村

57. 贵州省务川县大坪镇龙潭村

58. 云南省祥云县云南驿镇云南驿村

59. 青海省玉树县仲达乡电达村

60. 新疆维吾尔自治区哈密市五堡乡博斯坦村

61. 新疆维吾尔自治区特克斯县喀拉达拉乡琼库什台村

住房城乡建设部　文化部　财政部
关于公布第一批列入中国传统村落
名录村落名单的通知

建村 ［2012］189 号

各省、自治区、直辖市住房城乡建设厅（建委、农委）、文化厅（局）、财政厅（局），计划单列市建委（建设局）、文化局、财政局：

根据《住房城乡建设部等部门关于印发传统村落评价认定指标体系（试行）的通知》（建村 ［2012］125 号），在各地初步评价推荐的基础上，经传统村落保护和发展专家委员会评审认定并公示，住房城乡建设部、文化部、财政部（以下称三部门）决定将北京市房山区南窖乡水峪村等 646 个村落（名单见附件）列入中国传统村落名录，现予以公布。

请按照三部门印发的《关于加强传统村落保护发展工作的指导意见》（建村 ［2012］184 号），做好传统村落保护发展工作。各地要继续做好传统村落调查申报，对经评审认定具有重要保护价值的村落，三部门将分批列入中国传统村落名录。对已列入名录的村落的保护发展工作，三部门将予以监督指导。

附件：第一批列入中国传统村落名录的村落名单（山东省）

中华人民共和国住房和城乡建设部
中华人民共和国文化部
中华人民共和国财政部
2012 年 12 月 17 日

附件：

第一批列入中国传统村落名录的村落名单

山东省（10 个）

济南市章丘市官庄镇朱家峪村

青岛市崂山区王哥庄街道青山渔村

青岛市即墨市丰城镇雄崖所村

淄博市周村区王村镇李家疃村

淄博市淄川区太河镇梦泉村

淄博市淄川区太河镇上端士村

枣庄市山亭区山城街道兴隆庄村

潍坊市寒亭区寒亭街道西杨家埠村

泰安市岱岳区大汶口镇山西街村

威海市荣成市宁津街道东楮岛村

山东省人民政府
关于公布第四批省级文物保护单位的通知

鲁政字〔2013〕204 号

各市人民政府，各县（市、区）人民政府，省政府各部门、各直属机构，各大企业，各高等院校：

《山东省第四批省级文物保护单位》（共计606处）已经省政府同意，现予公布。

各地区、各部门要依照《中华人民共和国文物保护法》和《国务院关于加强文化遗产保护的通知》（国发〔2005〕42号）有关规定，进一步贯彻"保护为主、抢救第一、合理利用、加强管理"的工作方针，既要注重有效保护、夯实基础，又要注意合理利用、传承发展，认真做好省级文物保护单位的保护、管理和合理利用工作，为推动我省文化事业大发展大繁荣、建设经济文化强省作出积极贡献。

第四批省级文物保护单位保护范围和建设控制地带由省文物局另行公布。

附件：山东省第四批省级文物保护单位名单（部分）

山东省人民政府
2013 年 10 月 10 日

抄送：省委各部门，省人大常委会办公厅，省政协办公厅，省法院，省检察院，济南军区，省军区。各民主党派省委。

山东省人民政府办公厅
2013 年 10 月 11 日印发

附件：

山东省第四批省级文物保护单位名单

（共计 606 处）

三、古建筑（共计 146 处）

序号	编号	名称	时代	地址
265	4-265-3-001	趵突泉泉群及园林建筑	明、清、中华名国	济南市历下区趵突泉街道
266	4-266-3-002	长清县学文庙大成殿	清	济南市长清区文昌街道
267	4-267-3-003	陈冕状元府	清	济南市历下区泉城路街道
268	4-268-3-004	大峰山古建筑群	元至清	济南市长清区孝里镇
269	4-269-3-005	黑虎泉泉群及园林建筑	清、中华民国	济南市历下区趵突泉街道
270	4-270-3-006	济南督城隍庙	清	济南市历下区大明湖街道
271	4-271-3-007	灵鹫寺	宋金	济南市历城区唐冶街道
272	4-272-3-008	娄家庄娄家祠堂	清	济南市历城区唐王镇
273	4-273-3-009	泉城路高家当铺	清	济南市历下区泉城路街道
274	4-274-3-010	题壁堂古建筑群	清	济南市历下区泉城路街道
275	4-275-3-011	小娄峪古建筑群	金至中华民国	济南市长清区张夏镇
276	4-276-3-012	钟楼寺钟楼台基	明	济南市历下区大明湖街道
277	4-277-3-013	大通宫	明清	青岛市城阳区城阳街道
278	4-278-3-014	大枣园牌坊	清	青岛市李沧区湘潭路街道
279	4-279-3-015	海云庵	明	青岛市四方区兴隆路街道
280	4-280-3-016	鹤山遇真宫	清至中华民国	即墨市鳌山卫镇
281	4-281-3-017	即墨天后宫	清	即墨市金口镇
282	4-282-3-018	胶州城隍庙	明	胶州市阜安街道
283	4-283-3-019	李秉和庄园	清	即墨市金口镇

续表

序号	编号	名称	时代	地址
284	4-284-3-020	马店砖塔	清	胶州市马店镇
285	4-285-3-021	平度城隍庙	明清	平度市李园街道
286	4-286-3-022	青云宫	清至中华民国	青岛市城阳区红岛街道
287	4-287-3-023	天井山龙王庙	清至中华民国	即墨市龙山街道
288	4-288-3-024	中间埠双塔	清	即墨市七级镇
289	4-289-3-025	范公祠	清	淄博市博山区城东街道
290	4-290-3-026	公泉峪古建筑群	明	淄博市临淄区南王镇
291	4-291-3-027	洄村古楼	明	淄博市淄川区昆仑镇
292	4-292-3-028	金岭清真寺	明	淄博市临淄区金岭镇
293	4-293-3-029	魁星阁古建筑群	清	淄博市周村区大街街道
294	4-294-3-030	李家疃古建筑群	明、清	淄博市周村区王村镇
以下略				

二、李家疃古建筑群建筑形制表

附表 1-1 　　　　　　　　　　五大门——悦德门建筑形制表

编号	建筑名称	建筑形制
1	大门	位于悦德门一进院最北侧,坐东向西。面阔一间,通面阔 3.30 米,进深一间,通进深 2.50 米,建筑面积 7.51 平方米。建筑檐高 3.31 米,总高 4.73 米。 尖山式硬山顶,干槎瓦屋面。正脊为花瓦脊,花瓦样式为套砂锅套,正脊两端有升起;垂脊为花瓦脊,花瓦样式为砂锅套;铃铛排山。5 根檩条两端均支承在墙体上,檩条上铺方椽。椽子上铺望砖。山墙墙体下碱为方整石砌筑,上身为青砖砌筑。室内墙面上身白灰抹面,下碱为方整石砌筑;室内地面为青砖地面。前檐墙设双扇平开板门,前檐及后檐设倒挂楣子与雀替。
2	倒座	位于悦德门大门南侧,坐东向西。面阔三间,通面阔 9.13 米,进深一间,通进深 3.6 米,建筑面积 32.88 平方米。建筑檐高 3.20 米,总高 5.07 米。 尖山式硬山顶,干槎瓦屋面。正脊为花瓦脊,花瓦样式为短银锭;垂脊为花瓦脊,花瓦样式为短银锭。二椽叉手梁式木构架,共 15 根檩条,檩条上铺苇箔。前檐墙封护檐为菱角檐,墙体下碱为方整石砌筑,上身为青砖砌筑;后檐墙封护檐为菱角檐,墙体下碱为方整石砌筑,上身为青砖砌筑,墙心为白灰抹面。山墙墙体为青砖砌筑。室内墙面白灰抹面;室内地面为青砖地面。前檐墙设双扇平开板门,两次间设直棂窗,后檐设直棂窗 1 处。前檐门前设一阶踏跺。

续表

编号	建筑名称	建筑形制
3	南厢房	位于悦德门倒座西南侧,坐南向北。面阔三间,通面阔8.32米,进深一间,通进深4.63米,建筑面积40.09平方米。建筑檐高2.98米,总高4.98米。 尖山式硬山顶,干槎瓦屋面。正脊为花瓦脊,花瓦样式为短银锭;垂脊为花瓦脊,花瓦样式为套沙锅套。二椠叉手梁式木构架,共21根檩条,檩条上铺苇箔。墙体为青砖砌筑。室内墙面白灰抹面;室内地面为青砖地面。前檐墙设双扇平开板门,两次间设直棂窗。前檐门前设一阶踏跺。
4	北厢房	位于悦德门大门西侧,坐北向南。面阔三间,通面阔8.37米,进深一间,通进深4.79米,建筑面积40.09平方米。建筑檐高3.03米,总高5.13米。 尖山式硬山顶,干槎瓦屋面。正脊为花瓦脊,花瓦样式为短银锭;垂脊为花瓦脊,花瓦样式为套沙锅套。二椠叉手梁式木构架,共21根檩条,檩条上铺苇箔。墙体为青砖砌筑。室内墙面白灰抹面;室内地面为青砖地面。前檐墙设双扇平开板门,两次间设直棂窗。前檐门前设一阶踏跺。
5	正房耳房	位于悦德门南房西侧,坐西向东。现正房已拆毁,现仅留耳房。面阔一间,通面阔4.76米,进深一间,通进深4.85米,建筑面积22.56平方米。建筑檐高2.70米,总高5.07米。 尖山式硬山顶,干槎瓦屋面。正脊为花瓦脊,花瓦样式为短银锭;垂脊为花瓦脊,花瓦样式为沙锅套。一椠叉手梁式木构架,共11根檩条,檩条上铺苇箔。前檐墙墙体下碱为方整石砌筑,上身为青砖砌筑;后檐墙墙体为方整石砌筑,腰线为三层青砖。山墙墙体为青砖砌筑。室内墙面上身白灰抹面,下碱为青砖墙面;室内地面为青砖地面。前檐墙设双扇平开板门、隔扇窗,南山墙设直棂窗。

附表 1-2　　　　　　　　　五大门—悦循门建筑形制表

编号	建筑名称	建筑形制
6	大门	位于西门街北侧,坐北向南。面阔一间,通面阔 2.84 米,进深一间,通进深 3.70 米,建筑面积 10.51 平方米。建筑檐高 4.56 米,总高 6.82 米。 　　尖山式硬山顶,干槎瓦屋面。正脊为雕花脊,雕花图案为双龙戏珠,正脊安装望兽两端有升起;垂脊为雕花脊,垂脊兽前有三跑兽。五根檩条两端均支承在墙体上,檩条上铺方椽。墙体下碱和墙心为方整石砌筑,上身为青砖砌筑。室内墙面上身白灰抹面,下碱为整石砌筑;室内地面为青砖地面。前檐设双扇平开板门;檐檩下面设横披,横披设倒挂楣子,下装花牙子。前檐门前设两阶踏跺。
7	二门	位于悦循门大门北侧,坐北向南。面阔一间,通面阔 3.34 米,进深一间,通进深 2.51 米,建筑面积 8.38 平方米。建筑檐高 3.44 米,总高 4.92 米。 　　尖山式硬山顶,干槎瓦屋面。正脊为花瓦脊,花瓦样式为套砂锅套,正脊两端有升起,带望兽;垂脊为花瓦脊,花瓦样式为砂锅套;铃铛排山。二根檩条两端均支承在墙体上,檩条上铺方椽。墙体封护檐为菱角檐,下碱为方整石砌筑,上身为青砖砌筑。室内墙面上身白灰抹面,下碱为清水墙面;室内地面为青砖地面。前檐设双扇平开板门,设倒挂楣子。前檐门前设一阶踏跺。
8	一进院正房	位于悦循门二门北侧,坐北向南。面阔三间,通面阔 10.00 米,进深三间,通进深 8.07 米,建筑面积 80.70 平方米。建筑檐高 3.94 米,总高 7.68 米。 　　尖山式硬山顶,干槎瓦屋面。正脊为雕花脊,正脊安装望兽两端有升起;垂脊为雕花脊;铃铛排山。二榀五檩抬梁式木构架,8 个抱头梁,共 15 根檩条,檩条上铺方椽。前檐墙墙体下碱为方整石砌筑,上身青砖墙体;后檐墙封护檐为灯笼檐,墙体下碱为方整石砌筑,上身青砖墙体。东山墙墙体上身青砖砌筑,墙心和下碱均为方整石砌筑;西山墙与耳房山墙共用。室内下碱为清水墙面,上身白灰抹面;室内地面为青砖地面。前、后檐设双扇平开板门,板门上设有门亮子;隔墙留有门框。前檐墙设平开四扇格栅窗 2 处;后檐墙设直棂窗 2 处;设倒挂楣子及花牙子。前檐门前设两级垂带踏跺,后檐门前设有月台,月台前设三阶踏跺。

续表

编号	建筑名称	建筑形制
9	一进院正房耳房	位于悦循门正房西侧,坐北向南。面阔二间,通面阔4.58米,进深一间,通进深5.49米,建筑面积25.14平方米。建筑檐高3.76米,总高6.38米。 尖山式硬山顶,干槎瓦屋面。正脊为雕花脊,正脊西端安装望兽;垂脊为雕花脊;铃铛排山。一榀五檩抬梁式木构架,共6根檩条,檩条上铺方椽。前、后檐墙封护檐为菱角檐。墙体上身青砖砌筑,下碱为方整石砌筑。西山墙墙体上身青砖砌筑,墙心和下碱均为方整石砌筑;东山墙与正房山墙共用。室内下碱为清水墙面,上身白灰抹面;室内地面为青砖地面。后檐双扇平开板门,板门上设有门亮子;后檐西开间设直棂窗,西山墙设高圆窗。后檐门前设一阶踏跺。
10	一进院西厢房	位于悦循门一进院西侧,坐西向东。面阔三间,通面阔8.80米,进深一间,通进深4.68米,建筑面积41.18平方米。建筑檐高3.87米,总高6.28米。 尖山式硬山顶,干槎瓦屋面。正脊为花瓦脊,花瓦样式为套砂锅套;垂脊为花瓦脊,花瓦样式为套砂锅套;铃铛排山。二榀五檩抬梁式木构架,共9根檩条,檩条上铺方椽。前檐墙封护檐为灯笼檐,墙体下碱为方整石砌筑,上身青砖墙体;后檐墙封护檐为菱角檐,墙体上身青砖砌筑,墙心和下碱均为方整石砌筑。南山墙墙体上身青砖砌筑,墙心为乱石砌,下碱为方整石砌筑,北山墙与耳房山墙共用。室内下碱为清水墙面,上身白灰抹面;室内地面为青砖地面。前檐双扇平开板门,板门上设有门亮子;隔墙留有门框,前檐墙设直棂窗2处。前檐门前设二阶如意踏跺。

续表

编号	建筑名称	建筑形制
11	一进院西厢房耳房	位于悦循门一进院西厢房北侧,坐西向东。面阔一间,通面阔2.16米,进深一间,通进深3.49米,建筑面积7.54平方米。建筑檐高3.26米,总高5.12米。 　　尖山式硬山顶,仰合瓦屋面。正脊为花瓦脊,花瓦样式为短银锭,铃铛排山。一榀五檩抬梁式木构架,共3根檩条,檩条上铺方椽。前檐墙封护檐为菱角檐,墙体青砖砌筑;后檐墙封护檐为菱角檐,墙体上身青砖砌筑,墙心和下碱均为方整石砌筑。山墙墙体上身青砖砌筑,墙心为乱石砌,下碱为方整石砌筑。室内下碱为清水墙面,上身白灰抹面;室内地面为青砖地面。前檐设单扇平开板门、直棂高窗;后檐设直棂高窗。
12	一进院东厢房	位于悦循门一进院东侧,坐东向西。面阔三间,通面阔8.80米,进深一间,通进深4.68米,建筑面积41.18平方米。建筑檐高3.87米,总高6.28米。 　　尖山式硬山顶,干槎瓦屋面。正脊为花瓦脊,花瓦样式为套砂锅套;垂脊为花瓦脊,花瓦样式为套砂锅套;铃铛排山。二榀五檩抬梁式木构架,共9根檩条,檩条上铺方椽。前檐墙封护檐为灯笼檐,墙体下碱为方整石砌筑,上身青砖墙体;后檐墙封护檐为菱角檐,墙体上身青砖砌筑,墙心和下碱均为方整石砌筑。南山墙墙体上身青砖砌筑,下碱为方整石砌筑;北山墙与耳房山墙共用。室内下碱为清水墙面,上身白灰抹面;室内地面为青砖地面。前檐双扇平开板门,板门上设有门亮子;隔墙留有门框。前檐设直棂窗2处。前檐门前设二阶如意踏跺。 　　东厢房南山墙嵌有影壁,影壁檐高3.10米,总高3.87米。筒瓦板瓦屋面,正脊为花瓦脊,花瓦样式为短银锭,正脊两端各施跑兽1个,东西两侧各有一条垂脊。墙体封护檐为灯笼檐,墙体上身青砖砌筑,束腰为青砖砌筑,底座为方整石。

续表

编号	建筑名称	建筑形制
13	一进院东厢房耳房	位于悦循门一进院东厢房北侧,坐西向东。面阔一间,通面阔2.58米,进深一间,通进深2.2米,建筑面积8.1平方米。建筑檐高3.34米,总高5.97米。 　　尖山式硬山顶,仰合瓦屋面。正脊为花瓦脊,花瓦样式为短银锭。一榀五檩抬梁式木构架,共3根檩条,檩条上铺方椽。前檐墙封护檐为菱角檐。墙体上身青砖砌筑,下碱为方整石砌筑;后檐墙封护檐为菱角檐,墙体上身青砖砌筑,墙心为软墙心,下碱为方整石砌筑。山墙墙体上身青砖砌筑,下碱为方整石砌筑。室内下碱为清水墙面,上身白灰抹面;室内地面为青砖地面。前檐单扇平开板门,前檐门上方设方格窗。
14	一进院倒座	位于悦循门大门西侧,坐南向北。面阔三间,通面阔8.95米,进深一间,通进深4.22米,建筑面积37.77平方米。建筑檐高4.00米,总高6.33米。 　　尖山式硬山顶,干槎瓦屋面。正脊为花瓦脊,花瓦样式为套砂锅套,正脊两端有升起,两端图样为蝎子尾;垂脊为花瓦脊,花瓦样式为砂锅套;铃铛排山。二榀五檩抬梁式木构架,共9根檩条,檩条上铺方椽。前檐墙封护檐为灯笼檐,墙体下碱为方整石砌筑,上身青砖墙体;后檐墙封护檐为灯笼檐,墙体上身和下碱均为方整石砌筑。西山墙墙体上身青砖砌筑,墙心和下碱均为方整石砌筑;东山墙与正房山墙共用。室内下碱为清水墙面,上身白灰抹面;室内地面为青砖地面。前檐双扇平开板门,板门上设有门亮子,前檐设直棂窗2处。前檐门前设三阶如意踏跺。

续表

编号	建筑名称	建筑形制
15	二进院正房	位于悦循门二进院北侧,坐北向南。面阔三间,通面阔8.76米,进深一间,通进深4.23米,建筑面积54.3平方米。建筑檐高3.70米,总高6.19米。 尖山式硬山顶,干槎瓦屋面。正脊为花瓦脊,花瓦样式为套砂锅套,正脊两端有升起,两端图样为蝎子尾;垂脊为花瓦脊,花瓦样式为砂锅套;铃铛排山。二榀五檩抬梁式木构架,共9根檩条,檩条上铺方椽。前檐墙封护檐为灯笼檐,墙体上身青砖砌筑,下碱为方整石砌筑;后檐墙封护檐为菱角檐,墙体上身青砖砌筑,墙心和下碱均为方整石砌筑。山墙墙体上身青砖砌筑,墙心为软墙心,下碱为方整石砌筑。东西山墙分别与东西耳房共用。室内下碱为清水墙面,上身白灰抹面;室内地面为青砖地面。前檐双扇平开板门,板门上设有门亮子;隔墙设门框,前檐设直棂窗2处。前檐门前设有月台,月台前设两阶如意踏跺。
16	二进院正房西耳房	位于悦循门二进院正房西侧,坐北向南。面阔二间,通面阔4.09米,通进深3.58米,进深一间,建筑面积22.3平方米。建筑檐高3.46米,总高5.49米。 尖山式硬山顶,干槎瓦屋面。正脊为花瓦脊,花瓦样式为套砂锅套,正脊两端有升起;垂脊为花瓦脊,花瓦样式为套砂锅套;铃铛排山。一榀五檩抬梁式木构架,共6根檩条,檩条上铺方椽。前檐墙封护檐为菱角檐,墙体上身青砖砌筑,下碱为方整石砌筑;后檐墙封护檐为菱角檐,墙体上身青砖砌筑,墙心和下碱均为方整石砌筑。西山墙墙体上身青砖砌筑,墙心和下碱均为方整石砌筑;东山墙与正房山墙共用。室内下碱为清水墙面,上身白灰抹面;室内地面为青砖地面。前檐双扇平开板门,板门上设有门亮子;前檐西开间设直棂窗;西山墙设高窗直棂窗。前檐门前设三阶如意踏跺。

续表

编号	建筑名称	建筑形制
17	二进院正房东耳房	位于悦循门二进院正房东侧,坐北向南。面阔二间,通面阔5.45米,进深一间,通进深3.77米,建筑面积29.9平方米。建筑檐高3.39米,总高5.55米。 尖山式硬山顶,干槎瓦屋面。正脊为花瓦脊,花瓦样式为套砂锅套,正脊两端有升起;垂脊为花瓦脊,花瓦样式为套砂锅套;铃铛排山。一榀五檩抬梁式木构架,共6根檩条,檩条上铺方椽。前檐墙封护檐为菱角檐。墙体上身青砖砌筑,下碱为方整石砌筑;后檐墙封护檐为菱角檐,墙体上身青砖砌筑,墙心和下碱均为方整石砌筑;东山墙墙体上身青砖砌筑,墙心为软墙心,石灰砂浆抹面,下碱为方整石砌筑。西山墙与正房山墙共用。室内下碱为清水墙面,上身白灰抹面;室内地面为青砖地面。前檐双扇平开板门,板门上设有门亮子;前檐墙设直棂窗2处;东山墙设高窗直棂窗。前檐门前设三阶如意踏跺。
18	二进院西厢房	位于悦循门二进院西侧,坐西向东。面阔三间,通面阔7.27米,进深一间,通进深3.49米,建筑面积37.6平方米。建筑檐高3.77米,总高5.97米。 尖山式硬山顶,干槎瓦屋面。正脊为花瓦脊,花瓦样式为短银锭,正脊两端有升起;垂脊为花瓦脊,花瓦样式为短银锭;铃铛排山。二榀五檩抬梁式木构架,共9根檩条,檩条上铺方椽。前檐墙封护檐为灯笼檐,墙体上身青砖砌筑,下碱为方整石砌筑;后檐墙封护檐为菱角檐,墙体上身青砖砌筑,墙心和下碱均为方整石砌筑;山墙墙体上身青砖砌筑,墙心为软墙心,下碱为方整石砌筑。室内下碱为清水墙面,上身白灰抹面;室内地面为青砖地面。前檐双扇平开板门,板门上设有门亮子;隔墙设门框,前檐墙设直棂窗2处。前檐门前设三阶如意踏跺。

续表

编号	建筑名称	建筑形制
19	二进院 西厢房 南耳房	位于悦循门二进院西厢房南侧,坐西向东。面阔一间,通面阔2.72米,进深一间,通进深1.94米,建筑面积6.9平方米。建筑檐高2.95米,总高5.04米。 　　尖山式硬山顶,仰合瓦屋面。正脊为花瓦脊,花瓦样式为短银锭,正脊两端有升起;垂脊为花瓦脊,花瓦样式为短银锭;铃铛排山。一榀五檩抬梁式木构架,共4根檩条,檩条上铺方椽。前檐墙墙体青砖砌筑;后檐墙封护檐为菱角檐,墙体上身青砖砌筑,墙心和下碱均为方整石砌筑。室内下碱为清水墙面,上身白灰抹面;室内地面为青砖地面。前檐双扇平开板门,板门上设有门亮子;西山墙设高窗直棂窗。
20	二进院 西厢房 北耳房	位于悦循门二进院西厢房北侧,坐西向东。面阔一间,通面阔2.15米,进深一间,通进深1.86米,建筑面积5.93平方米。建筑檐高2.37米,总高3.95米。 　　尖山式硬山顶,干槎瓦屋面。正脊为花瓦脊,花瓦样式为鱼鳞图案。2根檩条直接支撑在墙体上,檩条上铺方椽。前檐墙墙体上身青砖砌筑,下碱为方整石砌筑;后檐墙墙体上身青砖砌筑,墙心和下碱均为方整石砌筑。室内下碱为清水墙面,上身白灰抹面;室内地面为青砖地面。前檐单扇平开板门,前檐墙北侧设直棂窗。前檐门前设两阶踏跺。
21	二进院 东厢房	位于悦循门二进院东侧,坐东向西。面阔三间,通面阔7.27米,进深一间,通进深3.49米,建筑面积37.6平方米。建筑檐高3.77米,总高5.97米。 　　尖山式硬山顶,干槎瓦屋面。正脊为花瓦脊,花瓦样式为短银锭,正脊两端有升起;垂脊为花瓦脊,花瓦样式为短银锭;铃铛排山。二榀五檩抬梁式木构架,共9根檩条,檩条上铺方椽。前檐墙封护檐为灯笼檐,墙体上身青砖砌筑,下碱为方整石砌筑;后檐墙封护檐为菱角檐,墙体上身青砖砌筑,墙心为软墙心,下碱为方整石砌筑。山墙墙体上身青砖砌筑,墙心为软墙心,下碱为方整石砌筑。室内下碱为清水墙面,上身白灰抹面;室内地面为青砖地面。前檐双扇平开板门,板门上设有门亮子;隔墙设门框,前檐墙设直棂窗2处;后檐墙设直棂窗1处。前檐门前设三阶如意踏跺。

续表

编号	建筑名称	建筑形制
22	二进院东厢房耳房	位于悦循门二进院东厢房南侧,坐东向西。面阔三间,通面阔7.74米,进深一间,通进深3.63米,建筑面积29.5平方米。建筑檐高3.87米,总高6.29米。 尖山式硬山顶,干槎瓦屋面。正脊为花瓦脊,花瓦样式为套砂锅套;垂脊为花瓦脊,花瓦样式为套砂锅套;铃铛排山。二榀五檩抬梁式木构架,共15根檩条,檩条上铺苇箔。前檐墙封护檐为菱角檐,墙体上身青砖砌筑,下碱为方整石砌筑;后檐墙封护檐为菱角檐,墙体上身青砖砌筑,墙心为软墙心,下碱为方整石砌筑。山墙墙体上身青砖砌筑,墙心为软墙心,下碱为方整石砌筑。室内下碱为清水墙面,上身白灰抹面;室内地面为青砖地面。前檐双扇平开板门,板门上设有门亮子;明间和南次间之间设门,只有门过梁,无门板,无门框;前檐墙设直棂窗2处,后檐墙设直棂窗1处。前檐门前设二阶如意踏跺。

附表1-3 五大门——悦徯门建筑形制表

编号	建筑名称	建筑形制
23	一进院院门	位于悦徯门一进院东侧,坐西向东。面阔一间,通面阔2.80米,进深一间,通进深0.61米,建筑面积1.71平方米。建筑檐高3.65米,总高4.80米。 尖山式硬山顶,干槎瓦屋面。正脊为花瓦脊,花瓦样式为套砂锅套,正脊两端有升起;垂脊为花瓦脊,花瓦样式为砂锅套;铃铛排山。椽子上铺望砖。墙体下碱为方整石砌筑,上身为青砖砌筑。室内地面为青石地面。双扇平开板门,前檐及后檐设楣子。前檐门前设一阶青石踏跺。

续表

编号	建筑名称	建筑形制
24	二进院院门	位于悦徯门二进院最北侧,坐北向南。面阔一间,通面阔2.96米,进深一间,通进深4.51米,建筑面积13.35平方米。建筑檐高4.13米,总高5.89米。 　　尖山式硬山顶,干槎瓦屋面。正脊为花瓦脊,花瓦样式为套砂锅套,正脊两端有升起;垂脊为花瓦脊,花瓦样式为砂锅套;铃铛排山。3根檩条两端均支承在墙体上,檩条上铺方椽,椽距中到中为280毫米。椽子上铺望砖。墙体下碱为方整石砌筑,上身为青砖砌筑;室内墙面上身为白灰砂浆墙面,下碱为方整石砌筑;室内地面为青砖地面。双扇平开板门。前后檐各设一阶踏跺。
25	二进院倒座	位于悦徯门二门西侧,东山墙与二门共用,坐南向北。面阔二间,通面阔5.24米,进深一间,通进深4.51米,建筑面积23.63平方米。建筑檐高3.63米,总高5.47米。 　　尖山式硬山顶,干槎瓦屋面。正脊为花瓦脊,花瓦样式为短银锭,正脊两端有升起;垂脊为花瓦脊,花瓦样式为砂锅套;铃铛排山。一榀五檩抬梁式木构架,共6根檩条,檩条上铺方椽,椽距中到中0.28米。椽子上铺望砖。前、后檐墙墙体下碱为方整石砌筑,上身为青砖砌筑,山墙墙体青砖砌筑。室内墙面上身白灰抹面,下碱为青砖墙面;室内地面为青砖地面。前檐东次间设双扇平开板门,前檐西次间设直棂窗,后檐东次间设直棂窗。前檐门前设三阶如意踏跺。

续表

编号	建筑名称	建筑形制
26	二进院北房	位于悦徯门二进院倒座北侧,坐北向南。面阔三间,通面阔8.54米,进深一间,通进深4.96米,建筑面积42.36平方米。建筑檐高4.31米,总高6.84米。 尖山式硬山顶,干槎瓦屋面。正脊为花瓦脊,花瓦样式为套砂锅套,正脊两端有升起;垂脊为花瓦脊,花瓦样式为砂锅套。二榀五檩抬梁式木构架,共9根檩条,檩条上铺方椽,椽子上铺望砖。前、后檐墙墙体下碱为方整石砌筑,上身为青砖砌筑,山墙墙体青砖砌筑。室内墙面上身白灰抹面,下碱为青砖墙面;室内地面为青砖地面。前檐墙明间设双扇平开板门,门上安装门亮子,南、北次间设直棂窗2处。前檐门前设三阶踏跺。
27	三进院北房	位于悦徯门三进院北侧,坐北向南。面阔三间,通面阔8.88米,进深一间,通进深4.58米,建筑面积40.95平方米。建筑檐高3.56米,总高6.17米。 尖山式硬山顶,干槎瓦屋面。正脊为花瓦脊,花瓦样式为套砂锅套,正脊两端有升起;垂脊为花瓦脊,花瓦样式为砂锅套。二榀五檩抬梁式木构架,共9根檩条,檩条上铺方椽,椽子上铺望砖。前、后檐墙墙体下碱为方整石砌筑,上身为青砖砌筑,山墙墙体青砖砌筑。室内墙面上身白灰抹面,下碱为青砖墙面;室内地面为青砖地面。前檐墙明间设双扇平开板门,隔断墙设单扇平开板门;前檐直棂窗2处,后檐直棂窗1处。前檐门前设一阶踏跺。

续表

编号	建筑名称	建筑形制
28	三进院 南房	位于悦徯门三进院南侧,坐南向北。面阔三间,通面阔8.00米,进深一间,通进深4.26米,建筑面积34.08平方米。建筑檐高3.83米,总高5.95米。 尖山式硬山顶,干槎瓦屋面。正脊为花瓦脊,花瓦样式为套砂锅套,正脊两端有升起;垂脊为花瓦脊,花瓦样式为砂锅套;铃铛排山。二檩五檩抬梁式木构架,共9根檩条,檩条上铺方椽,椽子上铺望砖。前、后檐墙墙体下碱为方整石砌筑,上身为青砖砌筑,山墙墙体青砖砌筑。室内墙面上身白灰抹面,下碱为青砖墙面;室内地面为青砖地面。前檐墙明间设双扇平开板门,隔断墙设双扇平开隔扇门,前檐直棂窗2处。前檐门前设二阶踏跺。
29	三进院 南房耳房	位于悦徯门三进院南房东侧,坐南向北。面阔一间,通面阔8.00米,进深一间,通进深4.26米,建筑面积34.08平方米。建筑檐高3.83米,总高5.95米。 尖山式硬山顶,干槎瓦屋面。正脊为花瓦脊,花瓦样式为短银锭,正脊两端有升起;垂脊为花瓦脊,花瓦样式为砂锅套;铃铛排山。3根檩条两端均支承在墙体上,檩条上铺方椽,椽子上铺望砖。前、后檐墙墙体下碱为方整石砌筑,上身为青砖砌筑,山墙墙体青砖砌筑。室内墙面上身白灰抹面,下碱为青砖墙面;室内地面为青砖地面。前檐墙设双扇平开板门。前檐门前设二阶踏跺。

续表

编号	建筑名称	建筑形制
30	三进院西厢房	位于悦徯门三进院西侧,坐西向东。面阔三间,通面阔6.25米,进深一间,通进深4.03米,建筑面积25.18平方米。建筑檐高3.28米,总高5.38米。 尖山式硬山顶,干槎瓦屋面。正脊为花瓦脊,花瓦样式为短银锭,正脊两端有升起;垂脊为花瓦脊,花瓦样式为砂锅套;铃铛排山。二榀五檩抬梁式木构架,共9根檩条,檩条上铺方椽,椽子上铺望砖。前、后檐墙墙体下碱为方整石砌筑,上身为青砖砌筑,山墙墙体青砖砌筑。室内墙面上身白灰抹面,下碱为青砖墙面;室内地面为青砖地面。前檐墙明间设双扇平开板门,北山墙设双扇平开板门,前檐直棂窗2处。前檐门前设一阶踏跺。
31	三进院西厢房耳房	位于悦徯门三进院西厢房北侧,坐北向南。面阔一间,通面阔3.28米,进深一间,通进深4.31米,建筑面积14.13平方米。建筑檐高3.28米,总高5.38米。 尖山式硬山顶,干槎瓦屋面。正脊为花瓦脊,花瓦样式为套砂锅套,正脊两端有升起;垂脊为花瓦脊,花瓦样式为砂锅套。9根檩条两端均支承在墙体上,檩条上铺苇箔。前、后檐墙墙体下碱为方整石砌筑,上身为青砖砌筑,山墙墙体青砖砌筑。室内墙面上身白灰抹面,下碱为青砖墙面;室内地面为青砖地面。前檐墙设双扇平开板门、直棂窗。

附表 1-4　　　　　　　　　　　五大门——悦行门建筑形制表

编号	建筑名称	建筑形制
32	大门	位于悦行门院落最南侧,坐北向南。面阔一间,通面阔 2.90 米,进深一间,通进深 2.52 米,建筑面积 7.31 平方米。建筑檐高 3.21 米,总高 5.27 米。 尖山式硬山顶,干槎瓦屋面。正脊为花瓦脊,花瓦样式为套沙锅套,正脊两端有升起;垂脊为花瓦脊,花瓦样式为套沙锅套。5 根檩条两端均支承在墙体上,檩条上铺方椽。椽子上铺望砖。墙体下碱为方整石砌筑,上身为青砖砌筑。室内墙面上身白灰抹面,下碱为整石砌筑;室内地面为青砖地面。双扇平开板门,前檐及后檐设倒挂楣子,前后檐檐檩下设花牙子。
33	东厢房	位于悦行门东厢房耳房北侧,坐东向西。面阔三间,通面阔 8.00 米,进深一间,通进深 4.22 米,建筑面积 33.76 平方米。建筑檐高 3.81 米,总高 5.98 米。 尖山式硬山顶,干槎瓦屋面。正脊为花瓦脊,花瓦样式为套沙锅套,正脊两端有升起;垂脊为花瓦脊,花瓦样式为套沙锅套。二榀五檩抬梁式木构架,共 9 根檩条,檩条上铺方椽,椽子上铺望砖。前、后檐墙封护檐为菱角檐。墙体上身为青砖砌筑,下碱为方整石砌筑;山墙墙体青砖砌筑。室内墙面白灰抹面;室内地面为青砖地面。前檐墙明间设双扇平开板门,前檐墙设直棂窗 2 处。前檐门前设两阶踏跺。
34	东厢房耳房	位于悦行门大门北侧,坐东向西。面阔三间,通面阔 7.60 米,进深一间,通进深 3.67 米,建筑面积 27.89 平方米。建筑檐高 3.60 米,总高 5.30 米。 尖山式硬山顶,干槎瓦屋面。正脊为花瓦脊,花瓦样式为短银锭,正脊两端有升起;垂脊为花瓦脊,花瓦样式为套沙锅套。二榀五檩抬梁式木构架,共 9 根檩条,檩条上铺方椽,椽子上铺望砖。前、后檐墙封护檐为菱角檐。墙体上身为青砖砌筑,下碱为方整石砌筑;山墙墙体青砖砌筑。室内墙面白灰抹面;室内地面为青砖地面。前檐墙明间设双扇平开板门,前檐墙设直棂窗 2 处。前檐门前设两阶踏跺。

续表

编号	建筑名称	建筑形制
35	西厢房	位于悦行门东厢房西侧,坐西向东。面阔三间,通面阔 8.00 米,进深一间,通进深 4.22 米,建筑面积 33.76 平方米。建筑檐高 3.85 米,总高 5.98 米。 尖山式硬山顶,干槎瓦屋面。正脊为花瓦脊,花瓦样式为短银锭,正脊两端有升起;垂脊为花瓦脊,花瓦样式为套沙锅套。二椽五檩抬梁式木构架,共 9 根檩条,檩条上铺方椽,椽子上铺望砖。前、后檐墙封护檐为菱角檐。墙体上身为青砖砌筑,下碱为方整石砌筑;山墙墙体青砖砌筑。室内墙面上身用白灰抹面,下碱为青砖墙面;室内地面为青砖地面。前檐墙明间设双扇平开板门,前檐墙设直棂窗 2 处。前檐门前设两阶踏跺。
36	正房	位于悦行门院落北端,坐北向南。面阔三间,通面阔 9.28 米,进深一间,通进深 4.77 米,建筑面积 44.27 平方米。建筑檐高 4.21 米,总高 6.02 米。 尖山式硬山顶,干槎瓦屋面。正脊为花瓦脊,花瓦样式为短银锭,正脊两端有升起;垂脊为花瓦脊,花瓦样式为套沙锅套。二椽叉手梁式木构架,共 27 根檩条,檩条上铺苇箔。前、后檐墙封护檐为菱角檐。墙体上身为青砖砌筑,下碱为方整石砌筑;山墙墙体青砖砌筑。室内墙面上身用白灰抹面,下碱为青砖墙面;室内地面为青砖地面。前檐墙明间设双扇平开板门,前檐墙设直棂窗 2 处。前檐门前设两阶踏跺。

附表 1-5　　　　　　　　　　**五大门——悦衡门建筑形制表**

编号	建筑名称	建筑形制
37	院门	位于悦衡门院落南侧,平面呈一字形,坐北向南。面阔一间,通面阔 2.39 米,进深一间,通进深 0.53 米,建筑面积 1.27 平方米。建筑檐高 2.70 米,总高 2.94 米。 干槎瓦屋面,墙体下碱为方整石砌筑,上身为青砖砌筑。双扇平开板门,有门枕石和槛垫石。
38	东厢房	位于悦衡门院落东侧,坐东向西。面阔二间,通面阔 6.11 米,进深一间,通进深 4.28 米,建筑面积 26.15 平方米。建筑檐高 3.43 米,总高 5.28 米。 正脊为花瓦脊,花瓦样式为短银锭;垂脊为花瓦脊,花瓦样式为套砂锅套;铃铛排山。一榀五檩抬梁式木构架,共 6 根檩条,檩条上铺苇箔。前、后檐封护檐为菱角檐。墙体下碱为方整石砌筑,上身为青砖砌筑。室内墙面墙心青砖及青石混筑,并作白灰抹面;室内地面为青砖地面。前檐墙设双扇平开板门,前檐墙设直棂窗 2 处;后檐墙设直棂窗 1 处。前檐门前设一阶青石踏跺。
39	西厢房	位于悦衡门东厢房西侧,坐西向东。面阔三间,通面阔 7.30 米,进深一间,通进深 4.46 米,建筑面积 32.56 平方米。建筑檐高 3.29 米,总高 5.22 米。 正、垂脊为皮条脊,铃铛排山。二榀五檩抬梁式木构架,共 15 根檩条,檩条上铺苇箔。前、后檐封护檐为菱角檐。墙体下碱为方整石砌筑,上身为青砖砌筑。室内墙面墙心青砖及青石混筑,并作白灰抹面;室内地面为青砖地面。前檐墙设双扇平开板门,前檐墙设直棂窗 2 处,后檐墙设直棂窗 1 处。前檐门前设一阶青石踏跺。
40	正房	位于悦衡门院落北侧,坐北向南。面阔三间,通面阔 9.18 米,进深一间,通进深 4.45 米,建筑面积 81.7 平方米。双层建筑,建筑檐高 6.76 米,总高 8.92 米。 正、垂脊为皮条脊,铃铛排山。二榀五檩抬梁式木构架,共 9 根檩条,檩条上铺苇箔。前、后檐封护檐为菱角檐。墙体下碱为方整石砌筑,上身为青砖砌筑。室内墙面墙心青砖及青石混筑,并做白灰抹面;室内地面为青砖地面。前檐墙设双扇平开板门,一层前檐墙设直棂窗 2 处;二层前檐墙设直棂窗 3 处,砖拱券;二层后檐墙设直棂窗 1 处,砖拱券;二层东、西山墙各设直棂窗 1 处。

附表 1-6 　　　　　　　　五大门——淑仁门建筑形制表

编号	建筑名称	建筑形制
41	大门	位于牌坊街南侧,坐南向北。面阔一间,通面阔2.50米,进深一间,通进深3.50米,建筑面积13.68平方米。建筑檐高3.83米,总高5.73米。 尖山式硬山顶建筑,干槎瓦屋面。正脊为花瓦脊,花瓦样式为套沙锅套。正脊带望兽;垂脊为花瓦脊。花瓦样式为套沙锅套;垂脊带垂兽,兽前有2跑兽,兽后有1跑兽;铃铛排山。五根檩条两端均支承在墙体上,檩条上铺方椽。山墙上身为清水墙,墀头设有以福禄寿为题材的砖雕。墙体下碱为方整石砌筑。前檐设双扇平开板门,檐檩下迎风板绘有"八仙图",迎风板下有雕花倒挂楣子及花牙子。
42	随墙门	位于北屋和西厢房之间,坐东朝西。面阔一间,面阔1.34米,进深一间,进深0.45米,建筑面积0.74平方米。建筑檐高2.61米,总高3.08米。 卷棚顶,布瓦筒瓦屋面。抱头梁上搭门过梁承重整个屋面,过梁铺苇箔。墙体上身为青砖墙体,下碱为青石方整石砌筑。前檐设双扇平开板门。
43	倒座	位于淑仁门院南侧,坐北朝南。面阔三间,通面阔7.10米,进深一间,通进深4.00米,建筑面积28.60平方米。建筑檐高3.53米,总高5.83米。 尖山式硬山顶建筑,干槎瓦屋面。正脊为花瓦脊,花瓦样式为套沙锅套,正脊两端有升起;垂脊为花瓦脊,花瓦样式为套沙锅套,铃铛排山。二檩叉手式木构架,共21根檩条,檩条上铺苇箔。前、后檐墙封护檐为菱角檐,上身青砖墙体,抹白灰软墙心,下碱为方整石砌筑。山墙上身青砖墙体,抹白灰软墙心,下碱为方整石砌筑。室内下碱为清水墙面,上身白灰抹面;室内地面为青砖地面。前檐设双扇平开板门,门上设有门亮子;前檐墙设直棂窗2处。前檐门前设有月台,月台前设二阶石踏跺。

续表

编号	建筑名称	建筑形制
44	东厢房	位于淑仁门院内东侧,坐东朝西。面阔三间,通面阔8.60米,进深一间,通进深4.50米,建筑面积39.00平方米。建筑檐高3.70米,总高5.96米。 　　尖山式硬山顶建筑,干槎瓦屋面。正脊为花瓦脊,花瓦样式为套沙锅套,正脊两端有升起;垂脊为花瓦脊,花瓦样式为套沙锅套;铃铛排山。二榀叉手式木构架,共21根檩条,檩条上铺苇箔。前、后檐墙封护檐为菱角檐。墙体上身青砖墙体,抹白灰软墙心,下碱为方整石砌筑。山墙墙体上身青砖墙体,抹白灰软墙心,下碱为方整石砌筑。室内下碱为清水墙面,上身白灰抹面;室内地面为青砖地面。前檐设双扇平开板门,门上设有门亮子;前檐墙设直棂窗2处。前檐门前设一阶石踏跺。
45	西厢房	位于淑仁门院内西侧,坐西朝东。面阔三间,通面阔9.90米,进深一间,通进深5.20米,建筑面积52.00平方米。建筑檐高4.05米,总高6.49米。 　　尖山式硬山顶建筑,干槎瓦屋面。正脊为花瓦脊,花瓦样式为套沙锅套,正脊两端有升起;垂脊为花瓦脊,花瓦样式为套沙锅套;铃铛排山。二榀抬梁式木构架,共9根檩条,檩条上铺方椽。前、后檐墙封护檐为菱角檐。墙体上身为青砖墙体,抹白灰软墙心,下碱为方整石砌筑。山墙墙体上身为青砖墙体,抹白灰软墙心,下碱为方整石砌筑。室内下碱为清水墙面,上身白灰抹面;室内地面为青砖地面。前檐设双扇平开板门,门上设有门亮子;隔墙设双扇板门,前檐墙设直棂窗2处。前檐门前设有月台,月台前设二阶石踏跺。

附表 1-7　　　　　　　　　　五大门——淑佺门建筑形制表

编号	建筑名称	建筑形制
46	大门	位于牌坊街南侧,坐南向北。面阔一间,通面阔 2.50 米,进深一间,通进深 3.50 米,建筑面积 13.68 平方米。建筑檐高 3.83 米,总高 5.73 米。 　　尖山式硬山顶建筑,干槎瓦屋面。正脊为花瓦脊,花瓦的样式为套沙锅套。正脊带望兽;垂脊为花瓦脊。垂脊带垂兽,兽前有 2 跑兽,兽后有 1 跑兽;铃铛排山。5 根檩条两端均支承在墙体上,檩条上铺方椽。山墙上身为清水墙,墀头设有以福禄寿为题材的砖雕。墙体下碱为方整石砌筑。前檐设双扇平开板门,檐檩下迎风板绘有八仙图,迎风板下有雕花倒挂楣子及花牙子。

附表 1-8　　　　　　　　　　五大门——淑信门建筑形制表

编号	建筑名称	建筑形制
47	一进院大门	位于南北大街东侧,坐东向西。面阔一间,通面阔 3.40 米,进深一间,通进深 3.20 米,建筑面积 11.00 平方米。建筑檐高 4.21 米,总高 6.19 米。 　　尖山式硬山顶建筑,干槎瓦屋面。正脊为花瓦脊,花瓦样式为套沙锅套,正脊两端有升起,两端有望兽;垂脊为花瓦脊。花瓦样式为沙锅套;兽前有跑兽 3 个,兽后有跑兽 2 个;铃铛排山。5 根檩条两端均支承在墙体上,檩条上铺方椽。墙体上身青砖砌筑,山墙下碱为方整石砌筑,毛石夯土墙心白灰抹面。室内上身为白灰墙面,下碱为方整石墙面。前檐设双扇平开板门,檐檩下有倒挂楣子及花牙子,前后檐各设三阶如意踏垛。

续表

编号	建筑名称	建筑形制
48	一进院倒座	位于淑信门大门南侧,坐西朝东。面阔三间,通面阔10.20米,进深一间,通进深4.60米,建筑面积47.10平方米。建筑檐高3.80米,总高6.19米。 尖山式硬山顶建筑,干槎瓦屋面。正脊为花瓦脊,花瓦样式为套沙锅套;垂脊为花瓦脊,花瓦样式为套沙锅套,铃铛排山。二椽叉手式木构架,共15根檩条,檩条上铺苇箔。前檐墙封护檐为菱角檐,墙体上身青砖墙体,下碱为方整石砌筑,抹白灰软心上身;后檐墙封护檐为菱角檐,墙体上身青砖墙体,抹白灰软心上身,下碱为方整石砌筑。山墙墙体上身青砖墙体,下碱为方整石砌筑,抹白灰软心上身。室内下碱为清水墙面,上身白灰抹面,室内地面为青砖地面。前檐明间及南次间设双扇平开板门,门上设有门亮子;前檐墙设直棂窗2处。前檐门前设二阶青石踏跺。
49	二进院院门	位于淑信门二进院西侧,坐东朝西,面阔一间,面阔2.12米,进深一间,进深0.52米,建筑面积1.10平方米。建筑檐高2.81米,总高3.52米。 卷棚式硬山顶随墙门,布瓦仰瓦屋面。正脊为花瓦脊,花瓦样式为短银锭,正脊两端有升起;垂脊为铃铛排山脊。1根檩条两端均支承在墙体上,檩条上铺方椽。墙体上身为青砖砌筑,下碱为方整石砌筑。室内上身为白灰墙面,下碱为方整石墙面。前檐设双扇平开板门。

续表

编号	建筑名称	建筑形制
50	二进院 正房	位于淑信门二进院北侧,坐北朝南,面阔三间,通面阔9.80米,进深一间,通进深4.90米,建筑面积48.60平方米。建筑檐高4.52米,总高6.47米。 尖山式硬山顶建筑,干槎瓦屋面。正脊为花瓦脊,花瓦的样式为套沙锅套。正脊带望兽;垂脊为花瓦脊,花瓦的样式为套沙锅套。垂脊带垂兽,五个跑兽。二榀抬梁式木构架,共9根檩条,檩条上铺方椽。前檐墙封护檐为灯笼檐;墙体上身青砖墙体,软墙心白灰抹面,下碱为方整石砌筑;后檐墙封护檐为菱角檐,墙体上身青砖墙体,软墙心白灰抹面,下碱为方整石砌筑。山墙墙体上身青砖墙体,软墙心白灰抹面,下碱为方整石砌筑。室内下碱为清水墙面,上身白灰抹面;室内地面为青砖地面。前檐设双扇平开板门,门上设有门亮子;东墙设双扇板门,隔墙设双扇板门;前檐墙设直棂窗2处。前檐门前设有月台,月台前设二阶如意踏跺。
51	二进院 正房耳房	位于淑信门二进院北侧,坐北朝南。面阔一间,通面阔3.57米,进深一间,通进深4.33米,建筑面积15.30平方米。建筑檐高3.88米,总高6.05米。 卷棚式硬山顶建筑,干槎瓦屋面。正脊为花瓦脊,花瓦样式为短银锭,正脊两端有升起;垂脊为花瓦脊,花瓦的样式为套沙锅套。一榀抬梁式木构架,共3根檩条,檩条上铺方椽。前檐墙封护檐为菱角檐,墙体上身青砖墙体,下碱为方整石砌筑;后檐墙封护檐为菱角檐,墙体上身青砖墙体,软墙心白灰抹面,下碱为方整石砌筑。山墙墙体上身青砖墙体,软墙心白灰抹面,下碱为方整石砌筑。室内下碱为清水墙面,上身白灰抹面;室内地面为青砖地面。西墙设双扇板门,前檐设直棂窗,东山墙设冰裂纹图案圆窗。

续表

编号	建筑名称	建筑形制
52	二进院西厢房	位于淑信门二进院西侧,坐西朝东。面阔二间,通面阔5.30米,进深二间,通进深6.50米,建筑面积35.00平方米。建筑前檐高4.15米,后檐高3.72米,总高6.51米。 尖山式硬山顶建筑,干槎瓦屋面。正脊为花瓦脊,花瓦样式为套沙锅套,正脊两端有升起;垂脊为铃铛排山脊。一榀抬梁式木构架,共12根檩条,檩条上铺方椽。前檐墙封护檐为灯笼檐,墙体上身青砖砌筑,下碱为方整石砌筑;后檐墙封护檐为菱角檐,墙体上身青砖砌筑,软墙心白灰抹面,下碱为方整石砌筑。山墙墙体上身青砖砌筑,软墙心白灰抹面,下碱为方整石砌筑。室内下碱为清水墙面,上身白灰抹面;室内地面为青砖地面。前檐设双扇平开板门,门上设有门亮子;前檐南开间设冰裂纹图案圆窗,后檐北开间设直棂窗。前檐门前设二阶如意踏跺。
53	东跨院大门	位于淑信门东跨院东侧,坐西朝东,面阔一间,通面阔2.87米,进深一间,通进深1.66米,建筑面积4.76平方米。建筑檐高3.49米,总高4.88米。 单檐硬山顶建筑,干槎瓦屋面。正脊为花瓦脊,花瓦样式为套沙锅套;垂脊为花瓦脊,花瓦样式为沙锅套。5根檩条两端均支承在墙体上,檩条上铺方椽。墙体上身为青砖砌筑,下碱为方整石砌筑。室内软墙心白灰抹面。前檐设双扇平开板门。
54	东跨院二门	位于淑信门东跨院东侧,坐西朝东。面阔一间,面阔2.10米,进深一间,进深0.52米,建筑面积1.09平方米。建筑檐高2.80米,总高3.33米。 卷棚式硬山顶随墙门,干槎瓦屋面。正脊为花瓦脊,花瓦样式为套沙锅套;垂脊为花瓦脊,花瓦样式为沙锅套。墙体上身为青砖墙体,下碱为青石方整石砌筑。前檐设双扇平开板门。

续表

编号	建筑名称	建筑形制
55	东跨院 正房	位于淑信门东跨院西侧,坐西朝东,面阔三间,通面阔9.90米,进深一间,通进深5.50米,建筑面积54.74平方米。建筑檐高4.81米,总高7.40米。 卷棚式硬山顶建筑,干槎瓦屋面。正脊为花瓦脊,花瓦样式为套沙锅套,正脊两端有升起,两端安装吻兽;垂脊为花瓦脊,花瓦样式为沙锅套。二榀抬梁式木构架,共9根檩条,檩条上铺方椽。前檐墙封护檐为九层灯笼檐,墙体上身青砖墙体,软墙心白灰抹面,下碱为方整石砌筑;后檐墙封护檐为六层灯笼檐,墙体上身青砖墙体,软墙心白灰抹面,下碱为方整石砌筑。山墙墙体上身青砖墙体,软墙心白灰抹面,下碱为方整石砌筑。室内下碱为清水墙面,上身白灰抹面;室内地面为青砖地面。前檐设双扇平开板门,门上设有门亮子;隔墙设双扇板门,前檐墙设直棂窗2处。门框下有槛垫石及门枕石。前檐门前设有月台,月台前设三阶踏跺。
56	东跨院 正房耳房	位于淑信门东跨院西侧,坐西朝东,面阔二间,通面阔4.52米,进深一间,通进深5.14米,建筑面积23.23平方米。建筑檐高3.95米,总高6.11米。 卷棚式硬山顶建筑,干槎瓦屋面。正脊为花瓦脊,花瓦样式为短银锭,正脊两端有升起;垂脊为花瓦脊,花瓦样式为沙锅套。一榀抬梁式木构架,共7根檩条,檩条上铺方椽。前檐墙封护檐为菱角檐。墙体上身为青砖墙体,下碱为方整石砌筑;后檐墙封护檐灯笼檐,墙体上身青砖墙体,软墙心白灰抹面,下碱为方整石砌筑。山墙墙体上身为青砖墙体,下碱为方整石砌筑。室内下碱为清水墙面,上身白灰抹面;室内地面为青砖地面。前檐设双扇平开板门,门上设有门亮子;前檐墙设直棂窗1处,北山墙设方格圆窗。前檐门前设一阶踏跺。

续表

编号	建筑名称	建筑形制
57	东跨院北厢房	位于淑信门东跨院北侧,坐北朝南,面阔三间,通面阔8.92米,进深一间,通进深5.12米,建筑面积45.69平方米。建筑檐高4.14米,总高6.49米。 尖山式硬山顶建筑,干槎瓦屋面。正脊为花瓦脊,花瓦样式为短银锭,正脊两端有升起;垂脊为花瓦脊,花瓦样式为沙锅套。二榀抬梁式木构架,共9根檩条,檩条上铺方椽。墙体上身为青砖砌筑,下碱为青石方整石砌筑。室内墙面为白灰抹面,室内地面为青砖地面。前檐设双扇平开板门,门上设有门亮子;隔墙设单扇板门,前檐墙设直棂窗1处。前檐门前设三阶如意石踏跺。
58	东跨院南厢房	位于淑信门东跨院南侧,坐南朝北,面阔三间,通面阔8.80米,进深一间,通进深4.73米,建筑面积41.62平方米。建筑檐高4.03米,总高5.94米。 尖山式硬山顶建筑,干槎瓦屋面。正脊为花瓦脊,花瓦样式为套沙锅套,正脊两端有升起;垂脊为花瓦脊,花瓦样式为套沙锅套。二榀抬梁式木构架,共9根檩条,檩条上铺方椽。墙体上身为青砖砌筑,下碱为青石方整石砌筑。室内墙面为白灰抹面,室内地面为青砖地面。前檐设双扇平开板门,门上设有门亮子;前檐墙设直棂窗2处。
59	东跨院南厢房耳房	位于淑信门东跨院南侧,坐南朝北。面阔二间,通面阔5.34米,进深一间,通进深3.40米,建筑面积18.16平方米。建筑檐高3.34米,总高5.06米。 尖山式硬山顶建筑,干槎瓦屋面,无正脊垂脊。一榀抬梁式木构架,共6根檩条,檩条上铺苇箔。墙体上身为青砖砌筑,下碱为青石方整石砌筑。室内墙面为白灰抹面,室内地面为青砖地面。前檐设双扇平开板门,门上设有门亮子;前檐墙设直棂窗1处,后檐墙设直棂窗1处,东山墙设直棂窗1处。

续表

编号	建筑名称	建筑形制
60	东跨院倒座	位于淑信门东跨院东侧,坐东朝西。面阔三间,通面阔为9.90米,进深一间,通进深5.00米,建筑面积49.50平方米。建筑檐高4.23米,总高6.62米。 卷棚式硬山顶建筑,干槎瓦屋面。正脊为花瓦脊,花瓦样式为套沙锅套,正脊两端为蝎子尾;垂脊为花瓦脊,花瓦样式为沙锅套。二榀抬梁式木构架,共9根檩条,檩条上铺方椽。前檐墙封护檐为灯笼檐,墙体上身为青砖砌筑,下碱为青石砌筑,软墙心白灰抹面;后檐墙封护檐为菱角檐,墙体上身为青砖砌筑,下碱为青石砌筑。山墙墙体上身为青砖砌筑,下碱为青石砌筑,山墙为毛石夯土墙心。室内下碱为清水墙面,上身白灰抹面;室内地面为青砖地面。前檐设双扇平开板门,门上设有门亮子;隔墙设单扇隔扇门,前檐墙设直棂窗2处。前檐门前设二阶如意踏垛。

附表1-9　　　　　　　　　五大门——淑仕门建筑形制表

编号	建筑名称	建筑形制
61	大门	位于牌坊街北侧,坐北向南。面阔一间,通面阔4.14米,进深一间,通进深3.63米,建筑面积15.03平方米,建筑檐高4.36米,总高6.46米。 尖山式硬山顶建筑,干槎瓦屋面。正脊为雕花脊,雕花图案为双龙戏珠,正脊两端有升起,两端安装望兽;垂脊为雕花脊。垂脊兽前安装跑兽1个,兽后安装跑兽2个;铃铛排山。5根檩条两端均支承在墙体上,檩条上铺方椽。墙体上身青砖砌筑,两侧山墙墀头均雕花。山墙上身为青砖墙体,下碱为方整石砌筑,毛石夯土墙心白灰抹面。室内上身为白灰墙面,下碱为方整石墙面。前檐设双扇平开板门,檐檩下有倒挂楣子及花牙子。前檐门前设三阶踏垛。

续表

编号	建筑名称	建筑形制
62	大门门房	位于大门东侧,坐南向北。面阔一间,通面阔3.78米,进深一间,通进深3.39米,建筑面积12.81平方米,建筑檐高3.45米,总高5.22米。 卷棚式硬山顶建筑,干槎瓦屋面。正脊为花瓦脊,花瓦样式为短银锭,正脊两端有升起;垂脊为花瓦脊,花瓦样式为鱼鳞图案,铃铛排山脊。5根檩条两端均支承在墙体上,檩条上铺苇箔。墙体上身青砖砌筑,室内上身为白灰墙面,下碱为方整石墙面。前檐设双扇平开板门,门上设有门亮子;前檐墙设直棂窗1处。
63	地窖	位于院落东南角,面阔6.53米,进深3.00米,建筑面积37.52平方米。 地下建筑,券顶砂岩石砌筑屋面。两侧墙体0.5米厚,前檐墙0.92米厚。平水以下部分为毛石砌筑。前檐墙设券门,券门宽0.73米,券门最高点至地面1.99米。通过9阶台阶通向地窖地面。室内地面为泥土地面。地窖内设二阶如意踏垛。
64	二进院院门	位于淑仕门二进院东侧,坐西向东。面阔一间,面阔1.71米,进深一间,进深0.45米,建筑面积0.77平方米,建筑檐高2.51米,总高3.31米。 卷棚式硬山顶建筑,布瓦筒瓦屋面。正脊为花瓦脊,花瓦样式为短银锭;垂脊为铃铛排山脊。墙体上身为青砖砌筑,下碱为青石砌筑。前檐设双扇平开板门,门上设有门亮子。
65	倒座	位于二门南侧,坐南向北。面阔三间,通面阔9.51米,进深一间,通进深4.72米,建筑面积44.89平方米,建筑檐高4.44米,总高6.43米。 尖山式硬山顶建筑,干槎瓦屋面。正脊为花瓦脊,花瓦样式为套沙锅套,正脊两端为蝎子尾;垂脊为花瓦脊,花瓦样式为沙锅套。二楄抬梁式木构架,共9根檩条,檩条上铺方椽。前檐墙封护檐灯笼檐,墙体上身为青砖墙体,下碱为青石砌筑;后檐墙封护檐为菱角檐,墙体上身为青砖墙体,下碱为青石砌筑。山墙墙体上身为青砖砌筑,下碱为青石砌筑,山墙为毛石夯土墙心。室内下碱为清水墙面,上身白灰抹面;室内地面为青砖地面。前檐设双扇平开板门,门上设有门亮子;前檐墙设直棂窗2处。前檐门前设有月台,月台前设三阶踏垛。

续表

编号	建筑名称	建筑形制
66	随墙门	位于倒座房北侧,与东、西厢房的南山墙相连。面阔三间,进深一间,通高3.95米,建筑面积2.0平方米。半圆式圆顶券门洞,门洞宽1.51米,券顶高32.40米。 尖山式硬山顶建筑,干槎瓦屋面。正脊为花瓦脊,花瓦样式为套沙锅套;垂脊为铃铛排山脊。两侧门垛青砖砌筑。前檐设双扇平开板门。
67	正房	位于淑仕门二进院北侧,坐北向南。面阔三间,通面阔9.87米,进深一间,通进深5.48米,建筑面积54.09平方米。建筑檐高5.11米,总高7.74米。 尖山式硬山顶建筑,干槎瓦屋面。正脊为花瓦脊,花瓦样式为套沙锅套,正脊两端图样为蝎子尾;垂脊为花瓦脊,花瓦样式为沙锅套。二榀抬梁式木构架,共9根檩条,檩条上铺方椽。前、后檐墙封护檐灯笼檐,墙体上身为青砖墙体,下碱为青石砌筑,墙心为方整石砌筑。山墙墙体上身为青砖墙体,下碱为青石砌筑,软墙心白灰抹面。室内下碱为清水墙面,上身白灰抹面;室内地面为青砖地面。前檐设双扇平开板门,门上设有门亮子;前檐墙设直棂窗2处。前檐门前设有月台,月台前设三阶踏跺。
68	正房耳房	位于淑仕门二进院北侧,坐北向南。面阔一间,通面阔3.55米,进深一间,通进深5.08米,建筑面积18.03平方米,建筑檐高4.49米,总高6.53米。 卷棚式硬山顶建筑,干槎瓦屋面。正脊为花瓦脊,花瓦样式为短银锭;垂脊为花瓦脊,花瓦样式为沙锅套。一榀抬梁式木构架,共3根檩条,檩条上铺方椽。前、后檐墙封护檐菱角檐,墙体上身为青砖墙体,下碱为青石砌筑。山墙墙体上身为青砖墙体,下碱为青石砌筑,墙心为毛石夯土墙心。室内下碱为清水墙面,上身白灰抹面;室内地面为青砖地面。前檐墙设直棂窗1处,东山墙设方格圆窗。

续表

编号	建筑名称	建筑形制
69	东厢房	位于淑仕门二进院东侧,坐东向西。面阔三间,通面阔8.80米,进深一间,通进深4.30米,建筑面积37.84平方米,建筑檐高4.40米,总高6.60米。 　　尖山式硬山顶建筑,干槎瓦屋面。正脊为花瓦脊,花瓦样式为套沙锅套,正脊两端图样为蝎子尾;垂脊为花瓦脊,花瓦样式为沙锅套。二楄抬梁式木构架,共9根檩条,檩条上铺方椽。前、后檐墙封护檐灯笼檐,墙体上身为青砖墙体,下碱为青石砌筑,软墙心白灰抹面。山墙墙体上身为青砖墙体,下碱为青石砌筑,软墙心白灰抹面。室内下碱为清水墙面,上身白灰抹面;室内地面为青砖地面。前檐设双扇平开板门,门上设有门亮子;前檐墙设直棂窗2处。前檐门前设二阶如意踏垛。
70	西厢房	位于淑仕门二进院西侧,坐西向东。面阔三间,通面阔8.80米,进深一间,通进深4.30米,建筑面积37.84平方米,建筑檐高4.40米,总高6.60米。 　　尖山式硬山顶建筑,干槎瓦屋面。正脊为花瓦脊,花瓦样式为套沙锅套,正脊两端图样为蝎子尾;垂脊为花瓦脊,花瓦样式为沙锅套。二楄抬梁式木构架,共9根檩条,檩条上铺方椽。前、后檐墙封护檐灯笼檐,墙体上身为青砖墙体,下碱为青石砌筑,软墙心白灰抹面。山墙墙体上身为青砖墙体,下碱为青石砌筑,软墙心白灰抹面。室内下碱为清水墙面,上身白灰抹面;室内地面为青砖地面。前檐设双扇平开板门,门上设有门亮子;前檐墙设直棂窗2处。前檐门前设二阶如意踏垛。

附表 1-10 文石山庄——怀隐园建筑形制表

编号	建筑名称	建筑形制
71	大门	位于怀隐园北侧,坐南向北。面阔一间,通面阔 3.38 米,进深一间,通进深 2.04 米,建筑面积 6.89 平方米。建筑檐高 3.16 米,总高 4.49 米。 尖山式硬山顶建筑,干槎瓦屋面。正脊为花瓦脊,花瓦样式为套沙锅套,正脊两端有升起;垂脊为花瓦脊,花瓦样式为套沙锅套,铃铛排山。二椽抬梁式木构架,共 3 根檩条,檩条上铺方椽。墙体上身青砖砌筑,下碱为方整石砌筑。前檐设双扇平开板门,走马板处阴刻"怀隐园"三字。设有倒挂楣子。
72	二门	位于怀隐园东侧,坐南向北。面阔一间,通面阔 2.17 米,进深一间,通进深 0.52 米,建筑面积 1.13 平方米。建筑檐高 3.27 米,总高 4.05 米。 卷棚式硬山顶建筑,布瓦筒瓦屋面。无正脊,垂脊为铃铛排山脊,无垂兽、跑兽。一根檩条两端均支承在墙体上,檩条上铺方椽。墙体上身青砖砌筑,下碱为方整石砌筑;室内地面为青石地面,前檐设双扇平开板门。
73	建筑 1	位于怀隐园西侧,坐西向东。面阔五间,通面阔 13.94 米,进深一间,通进深 4.48 米,建筑面积 62.45 平方米。建筑檐高 3.95 米,总高 5.80 米。 卷棚式硬山顶建筑,干槎瓦屋面。正脊为花瓦脊,花瓦样式为套沙锅套;垂脊为花瓦脊,花瓦样式为套沙锅套,铃铛排山。三椽抬梁式木构架,共 15 根檩条,檩条上铺方椽。前檐墙封护檐为灯笼檐,墙体上身青砖砌筑,下碱为方整石砌筑;后檐墙封护檐为菱角檐,墙体上身青砖砌筑,下碱为方整石砌筑;山墙墙体上身青砖砌筑,墙心为泥胚砖,下碱为方整石砌筑。室内下碱为清水墙面,上身白灰抹面;室内地面为青砖地面。前檐南、北两侧各设双扇平开板门,隔墙设双扇板门,前檐墙设拐子锦窗格 3 处。前檐门前设三阶踏跺。
74	假山	位于怀隐园东南角,平面呈椭圆形,用太湖石垒成,东西宽约 6 米,南北长约 7 米,高约 4 米,占地面积约 36.74 平方米。

附表 1-11　　　　　　　　　**八门一府一园——淑俩门建筑形制表**

编号	建筑名称	建筑形制
75	大门	位于西门街北侧,坐北向南。面阔一间,通面阔 3.7 米,进深一间,通进深 3.04 米,建筑面积 14.1 平方米。建筑檐高 4.34 米,总高 6.28 米。 尖山式硬山顶,干槎瓦屋面。正脊为花瓦脊,花瓦样式为套砂锅套,正脊两端有升起;垂脊为花瓦脊,花瓦样式为套砂锅套;铃铛排山。5 根檩条两端均支承在墙体上,檩条上铺苇箔。山墙墙体上身青砖砌筑,抹白灰软墙心,下碱为方整石砌筑。室内上身为白灰墙面,下碱为方整石墙面;室内地面为青砖地面。设有双扇平开板门,前檐门前设二阶如意踏跺。
76	院门	位于一进院倒座和一进院东厢房之间,坐北向南。面阔一间,通面阔 2.50 米,进深一间,通进深 0.57 米,建筑面积 14.36 平方米。建筑檐高 2.62 米,总高 3.38 米。 尖山式硬山顶,干槎瓦屋面。正脊为花瓦脊,花瓦样式为短银锭,垂脊采用筒瓦和脊块砖砌芯。1 根檩条两端均支承在墙体上,檩条上铺苇箔。墙体上身青砖砌筑,下碱为方整石砌筑。设有双扇平开板门。
77	正房	位于淑俩门一进院北侧,坐北向南。面阔三间,通面阔 8.72 米,进深一间,通进深 4.29 米,建筑面积 52.9 平方米。建筑檐高 3.76 米,总高 6.09 米。 尖山式硬山顶,干槎瓦屋面。正脊为花瓦脊,花瓦样式为套砂锅套;垂脊为花瓦脊,花瓦样式为套砂锅套;铃铛排山。二槒五檩抬梁式木构架,共 9 根檩条,檩条上铺方椽。前檐墙封护檐为菱角檐,墙体上身青砖砌筑,墙心为软墙心,下碱为方整石砌筑;后檐墙封护檐为灯笼檐,墙体上身青砖砌筑,下碱为方整石砌筑。山墙墙体上身青砖砌筑,墙心为软墙心,下碱为方整石砌筑。室内下碱为清水墙面,上身白灰抹面;室内地面为青砖地面。前、后檐各设双扇平开板门,板门上设有门亮子;前、后檐墙各设直棂窗 2 处。前、后檐门前各设三阶踏跺。

续表

编号	建筑名称	建筑形制
78	西厢房	位于淑徹门一进院西侧,坐西向东。面阔三间,通面阔6.89米,进深一间,通进深3.34米,建筑面积35.5平方米。建筑檐高3.24米,总高5.00米。 尖山式卷棚顶建筑,干槎瓦屋面。正脊为花瓦脊,花瓦样式为短银锭;垂脊为花瓦脊,花瓦样式为套砂锅套;铃铛排山。二楹叉手式木构架,共27根檩条,檩条上铺苇箔。前檐墙封护檐为菱角檐,墙体上身青砖砌筑,下碱为方整石砌筑;后檐墙封护檐为菱角檐,墙体上身青砖砌筑,抹白灰软墙心,下碱为方整石砌筑。山墙墙体上身青砖砌筑,抹白灰软墙心,下碱为方整石砌筑。室内下碱为清水墙面,上身白灰抹面;室内地面为青砖地面。前檐设双扇平开板门,板门上设有门亮子;前檐墙设直棂窗2处。前檐门前设三阶踏跺。
79	东厢房	位于淑徹门一进院东侧,坐东向西。面阔三间,通面阔6.89米,进深一间,通进深3.34米,建筑面积35.5平方米。建筑檐高3.24米,总高5.00米。 尖山式卷棚顶建筑,干槎瓦屋面。正脊为花瓦脊,花瓦样式为短银锭;垂脊为花瓦脊,花瓦样式为套砂锅套;铃铛排山。二楹叉手式木构架,共27根檩条,檩条上铺苇箔。前檐墙封护檐为菱角檐。墙体上身青砖砌筑,下碱为方整石砌筑;后檐墙封护檐为菱角檐,墙体上身青砖砌筑,抹白灰软墙心,下碱为方整石砌筑。山墙墙体上身青砖砌筑,抹白灰软墙心,下碱为方整石砌筑。室内下碱为清水墙面,上身白灰抹面;室内地面为青砖地面。前檐设双扇平开板门,板门上设有门亮子;前檐墙设直棂窗2处。前檐门前设三阶踏跺。

续表

编号	建筑名称	建筑形制
80	倒座	位于淑媜门一进院南侧,坐南向北。面阔三间,通面阔 8.16 米,进深一间,通进深 3.56 米,建筑面积 46.8 平方米。建筑檐高 3.46 米,总高 5.97 米。 尖山式卷棚顶建筑,干槎瓦屋面。正脊为花瓦脊,花瓦样式为短银锭;垂脊为花瓦脊,花瓦样式为套砂锅套;铃铛排山。二桁叉手式木构架,共 21 根檩条,檩条上铺苇箔。前檐墙封护檐为菱角檐,墙体上身青砖砌筑,下碱为方整石砌筑;后檐墙封护檐为菱角檐,墙体上身青砖砌筑,抹白灰软墙心,下碱为方整石砌筑。山墙墙体上身青砖砌筑,抹白灰软墙心,下碱为方整石砌筑。室内下碱为清水墙面,上身白灰抹面;室内地面为青砖地面。前檐设双扇平开板门,板门上设有门亮子;前檐墙设直棂窗 2 处。前檐门前设三阶踏跺。
81	二进院正房	位于淑媜门二进院北侧,坐南向北。面阔三间,通面阔 8.83 米,进深一间,通进深 3.98 米,建筑面积 52.11 平方米。建筑檐高 3.8 米,总高 6.11 米。 尖山式硬山建筑,干槎瓦屋面。正脊为花瓦脊,花瓦样式为鱼鳞图案,正脊两端有升起;垂脊为花瓦脊,花瓦样式为套砂锅套;铃铛排山。二桁叉手式木构架,共 27 根檩条,檩条上铺苇箔。前檐墙封护檐为菱角檐,墙体上身青砖砌筑,下碱为方整石砌筑;后檐墙封护檐为菱角檐,墙体上身青砖砌筑,抹白灰软墙心,下碱为方整石砌筑。山墙墙体上身青砖砌筑,抹白灰软墙心,下碱为方整石砌筑。室内下碱为清水墙面,上身白灰抹面;室内地面为青砖地面。前、后檐各设双扇平开板门,板门上设有门亮子;隔断墙南部设板门,前、后檐墙各设直棂窗 2 处。前、后檐门前均设三阶踏跺。

续表

编号	建筑名称	建筑形制
82	二进院西厢房	位于淑伸门二进院西侧,坐西向东。面阔三间,通面阔6.89米,进深一间,通进深3.34米,建筑面积27.7平方米。建筑檐高4.40米,总高6.16米。 尖山式卷棚顶建筑,干槎瓦屋面。正脊为花瓦脊,花瓦样式为短银锭;垂脊为花瓦脊,花瓦样式为套砂锅套;铃铛排山。二椽叉手式木构架,共27根檩条,檩条上铺苇箔。前檐墙封护檐为灯笼檐,墙体上身青砖砌筑,下碱为方整石砌筑;后檐墙封护檐为菱角檐,墙体上身青砖砌筑,抹白灰软墙心,下碱为方整石砌筑。山墙墙体上身青砖砌筑,抹白灰软墙心,下碱为方整石砌筑。室内下碱为清水墙面,上身白灰抹面;室内地面为青砖地面。前檐设双扇平开板门,板门上设有门亮子;前檐墙设直棂窗2处。前檐门前设三阶踏跺。
83	三进院正房	位于淑伸门三进院北侧,坐南向北。面阔五间,通面阔16.60米,进深一间,通进深5.84米,建筑面积96.94平方米。建筑檐高4.88米,总高7.54米。 尖山式硬山顶,仰合瓦屋面。正脊为花瓦脊,花瓦样式为套砂锅套,正脊两端有升起;垂脊为花瓦脊,花瓦样式为砂锅套,铃铛排山。一椽叉手式木构架,共24根檩条,檩条上铺方椽。前檐墙封护檐为灯笼檐,墙体下碱为方整石砌筑,上身青砖墙体;后檐墙封护檐为菱角檐,墙体上身青砖砌筑,下碱为方整石砌筑。山墙墙体上身青砖砌筑,墙心和下碱均为方整石砌筑。室内下碱为清水墙面,上身白灰抹面;室内地面为青砖地面。前檐设双扇平开板门,板门上设有门亮子;东、西隔墙设单扇板门,前檐墙设直棂窗2处,后檐墙设方格窗2处,西山墙设方格窗2处,东山墙设方格窗1处。倒挂楣子3个。前檐门前设两阶如意踏跺。

续表

编号	建筑名称	建筑形制
84	三进院西厢房	位于淑俔门三进院西侧,坐西向东。面阔三间,通面阔 6.89 米,进深一间,通进深 3.34 米,建筑面积 35.5 平方米。建筑檐高 3.24 米,总高 5.00 米。 卷棚式硬山顶建筑,干槎瓦屋面。正脊为花瓦脊,花瓦样式为短银锭;垂脊为花瓦脊,花瓦样式为套砂锅套;铃铛排山。二椤叉手式木构架,共 27 根檩条,檩条上铺苇箔。前檐墙封护檐为灯笼檐,墙体上身青砖砌筑,下碱为方整石砌筑;后檐墙封护檐为菱角檐,墙体上身青砖砌筑,抹白灰软墙心,下碱为方整石砌筑。山墙墙体上身青砖砌筑,抹白灰软墙心,下碱为方整石砌筑。室内下碱为清水墙面,上身白灰抹面;室内地面为青砖地面。前檐设双扇平开板门,板门上设有门亮子;隔墙设单扇板门,前檐墙设直棂窗 2 处。前檐门前设三阶踏跺。
85	三进院东厢房	位于淑俔门三进院东侧,坐东向西。面阔三间,通面阔 6.89 米,进深一间,通进深 3.34 米,建筑面积 35.5 平方米。建筑檐高 3.24 米,总高 5.00 米。 卷棚式硬山顶建筑,干槎瓦屋面。正脊为花瓦脊,花瓦样式为短银锭;垂脊为花瓦脊,花瓦样式为套砂锅套;铃铛排山。二椤叉手式木构架,共 27 根檩条,檩条上铺苇箔。前檐墙封护檐为灯笼檐,墙体上身青砖砌筑,抹白灰软墙心,下碱为方整石砌筑;后檐墙封护檐为菱角檐,墙体上身青砖砌筑,抹白灰软墙心,下碱为方整石砌筑。山墙墙体上身青砖砌筑,抹白灰软墙心,下碱为方整石砌筑。室内下碱为清水墙面,上身白灰抹面;室内地面为青砖地面。前檐设双扇平开板门,板门上设有门亮子;隔墙设单扇板门,前檐墙设直棂窗 2 处。前檐门前设三阶踏跺。
86	酒店胡同大门	位于酒店胡同南口,檩条与过梁搭接在悦循门院墙和淑俔门大门山墙之间,宽 2.25 米,檐高 3.19 米,尖山式硬山顶,干槎瓦屋面,正脊为花瓦脊。

附表1-12　　　　　　　八门一府一园——淑俭门建筑形制表

编号	建筑名称	建筑形制
87	大门	位于西门街北侧,淑俭门一进院最北端,坐北向南。面阔一间,通面阔3.30米,进深一间,通进深3.94米,建筑面积13平方米。建筑檐高3.71米,总高5.73米。 　　尖山式硬山顶,干槎瓦屋面。正脊为花瓦脊,花瓦样式为套砂锅套,正脊两端有升起;垂脊为花瓦脊,花瓦样式为砂锅套。两根檩条两端均支承在墙体上,檩条上铺方椽,椽子上铺望砖。墙体下碱为方整石砌筑,上身为青砖砌筑。室内墙面上身为白灰砂浆墙面,下碱为方整石砌筑;室内地面为青砖地面。设有双扇平开板门。
88	门房	位于淑俭门大门东侧,坐南向北,面阔一间,通面阔3.48米,进深一间,通进深3.92米,建筑面积13.79平方米。建筑檐高3.29米,总高5.06米。 　　尖山式硬山顶,干槎瓦屋面。正脊为花瓦脊,花瓦样式为套砂锅套;垂脊为花瓦脊,花瓦样式为砂锅套。4根檩条两端均支承在墙体上,檩条上铺方椽,椽子上铺望砖。墙体下碱为方整石砌筑,上身为青砖砌筑。室内墙面上身为白灰砂浆墙面,下碱为方整石砌筑;室内地面为青砖地面。设有单扇平开木门、方格窗。
89	一进院倒座	位于淑俭门大门西侧,坐南向北。面阔二间,通面阔4.73米,进深一间,通进深3.60米,建筑面积17.02平方米。建筑檐高3.66米,总高5.05米。 　　尖山式硬山顶,干槎瓦屋面。正脊为花瓦脊,花瓦样式为套砂锅套;垂脊为花瓦脊,花瓦样式为砂锅套。一榀三角梁架,14根檩条一端支承在墙上,另一端支撑在梁上,檩条上铺苇箔。前、后檐墙墙体下碱为方整石砌筑,上身为青砖砌筑。室内墙面上身为白灰砂浆墙面,下碱为青砖墙面;室内地面为青砖地面。前檐墙设有双扇平开板门、直棂窗。前檐门前设一阶石踏跺。

续表

编号	建筑名称	建筑形制
90	一进院东厢房	位于淑俭门一进院东侧,坐东向西。面阔三间,通面阔 6.96 米,进深一间,通进深 3.92 米,建筑面积 27.28 平方米。建筑檐高 3.62 米,总高 5.42 米。 尖山式硬山顶,干槎瓦屋面。正脊为花瓦脊,花瓦样式为短银锭,正脊两端有升起;垂脊为花瓦脊,花瓦样式为砂锅套。二椺叉手梁式木构架,共 27 根檩条,檩条上铺苇箔。前、后檐墙封护檐为菱角檐,墙体下碱为方整石砌筑,上身为青砖砌筑;山墙青砖砌筑。室内墙面上身为白灰砂浆墙面,下碱为青砖墙面;室内地面为青砖地面。前檐墙设有双扇平开板门,前檐墙设直棂窗 2 处。
91	一进院西厢房	位于淑俭门一进院西侧,坐西向东。面阔三间,通面阔 6.96 米,进深一间,通进深 3.63 米,建筑面积 25.26 平方米。建筑檐高 3.21 米,总高 5.37 米。 尖山式硬山顶,干槎瓦屋面。正脊为花瓦脊,花瓦样式为短银锭,正脊两端有升起;垂脊为花瓦脊,花瓦样式为砂锅套。二椺叉手梁式木构架,共 27 根檩条,檩条上铺苇箔。前、后檐墙封护檐为菱角檐,墙体下碱为方整石砌筑,上身为青砖砌筑;山墙青砖砌筑。室内墙面上身为白灰砂浆墙面,下碱为青砖墙面;室内地面为青砖地面。前檐墙设有双扇平开板门,前檐墙设有直棂窗 2 处,后檐墙设有方格窗 1 处。

续表

编号	建筑名称	建筑形制
92	一进院正房	位于淑俭门一进院中轴线上,坐北向南。面阔三间,通面阔9.12米,进深一间,通进深5.09米,建筑面积62.02平方米。建筑檐高3.62米,总高6.39米。 尖山式硬山顶,干槎瓦屋面。正脊为花瓦脊,花瓦样式为套砂锅套,正脊两端有升起;垂脊为花瓦脊,花瓦样式为砂锅套;铃铛排山。二楹五檩抬梁式木构架,共9根檩条,檩条上铺苇箔。后檐墙封护檐为菱角檐,墙体青砖砌筑。室内墙面为白灰砂浆墙面;室内地面为青砖地面。前檐墙设有双扇平开板门,明间与西次间设隔扇门,东山墙开门洞,前檐墙设直棂窗2处。
93	一进院正房耳房	位于淑俭门一进院正房东侧,坐北向南。面阔一间,通面阔3.07米,进深一间,通进深4.89米,建筑面积15.02平方米。建筑檐高3.32米,总高5.47米。 尖山式硬山顶,干槎瓦屋面。正脊为花瓦脊,花瓦样式为短银锭,正脊两端有升起;垂脊为花瓦脊,花瓦样式为砂锅套。一楹五檩抬梁式木构架,共3根檩条,檩条上铺苇箔。后檐墙封护檐为菱角檐,墙体青砖砌筑。室内墙面为白灰砂浆墙面;室内地面为青砖地面。前檐墙设直棂窗,东山墙设圆型方格窗。
94	二进院院门	位于淑俭门一进院正房西北侧,坐东向西,平面呈一字形。面阔一间,通面阔6.57米,进深一间,通进深0.52米,建筑面积3.42平方米。建筑檐高3.08米,总高3.83米。 干槎瓦屋面。正脊为花瓦脊,花瓦样式为短银锭;垂脊为花瓦脊,花瓦样式为筒瓦锁链;铃铛排山。墙体下碱为方整石砌筑,上身墙体为青砖砌筑。设有双扇平开板门。院门两侧均有院墙,墙帽为花瓦墙帽,花瓦样式为套砂锅套。

续表

编号	建筑名称	建筑形制
95	二进院随墙门	位于淑俭门二进院倒座及西厢房中间,坐东向西,平面呈"一"字形。面阔一间,通面阔 1.92 米,进深一间,通进深 0.50 米,建筑面积 0.96 平方米。建筑檐高 2.55 米,总高 2.93 米。 干槎瓦屋面。檐部以下为木过梁,过梁两端以木方承托。墙体下碱为方整石砌筑,上身墙体为青砖砌筑。设有双扇平开板门。
96	二进院二门	位于淑俭门二进院倒座北侧,坐北向南,平面呈一字形。面阔一间,通面阔 1.92 米,进深一间,通进深 0.50 米,建筑面积 0.96 平方米。建筑檐高 2.55 米,总高 2.93 米。 干槎瓦屋面。正脊为花瓦脊,花瓦样式为短银锭;垂脊为花瓦脊。花瓦样式为筒瓦锁链。檐部以下为木过梁,过梁两端以木方承托。墙体下碱为方整石砌筑,上身墙体为青砖砌筑。设有双扇平开板门,板门下做槛垫石。院门两侧均有院墙,分别相交于东西厢房,墙帽为花瓦墙帽,花瓦样式为套砂锅套。
97	二进院倒座	位于淑俭门二进院北侧,紧邻一进院正房,坐南向北。面阔三间,通面阔 8.28 米,进深一间,通进深 4.11 米,建筑面积 34.03 平方米。建筑檐高 3.47 米,总高 5.61 米。 尖山式硬山顶,干槎瓦屋面。正脊为花瓦脊,花瓦样式为短银锭;垂脊为花瓦脊,花瓦样式为砂锅套。二榀五檩抬梁式木构架,共 9 根檩条,檩条上铺方椽,椽子上铺望砖。前、后檐墙封护檐为菱角檐,墙体下碱为方整石砌筑,上身为青砖砌筑;山墙墙体青砖砌筑。室内墙面为白灰砂浆墙面;室内地面为青砖地面。前檐墙设有双扇平开板门,前檐设直棂窗 2 处;后檐设直棂窗 1 处。前檐门前设一阶踏跺。

续表

编号	建筑名称	建筑形制
98	二进院东厢房	位于淑俭门二进院东侧，坐东向西。面阔三间，通面阔8.55米，进深一间，通进深4.46米，建筑面积38.13平方米。建筑檐高3.81米，总高6.04米。 尖山式硬山顶，干槎瓦屋面。正脊为花瓦脊，花瓦脊，花瓦样式为短银锭，正脊两端有升起；垂脊为花瓦脊，花瓦样式为砂锅套。二榀叉手梁式木构架，共27根檩条，檩条上铺苇箔。前、后檐墙封护檐为菱角檐，墙体下碱为方整石砌筑，上身为青砖砌筑；山墙青砖砌筑。室内墙面上身为白灰砂浆墙面，下碱为青砖墙面；室内地面为青砖地面。前檐墙设有双扇平开板门，前檐墙设直棂窗2处。前檐门前设一阶踏跺。
99	二进院东厢房耳房	位于淑俭门二进院东厢北侧，坐东向西。面阔三间，通面阔7.88米，进深一间，通进深4.16米，建筑面积32.78平方米。建筑檐高3.81米，总高6.04米。 尖山式硬山顶，干槎瓦屋面。正脊为花瓦脊，花瓦样式为短银锭，正脊两端有升起；垂脊为花瓦脊，花瓦样式为砂锅套。二榀叉手梁式木构架，共27根檩条，檩条上铺苇箔。前、后檐墙墙体下碱为方整石砌筑，上身为青砖砌筑。室内墙面为白灰砂浆墙面；室内地面为青砖地面。前檐南次间开门洞，前檐墙设双扇平开板门，后檐南次间开门洞，后檐南次间门洞上设直棂窗。

续表

编号	建筑名称	建筑形制
100	二进院 西厢房	位于淑傆门二进院西侧,坐西向东。面阔三间,通面阔8.86米,进深一间,通进深4.25米,建筑面积37.66平方米。建筑檐高3.47米,总高5.61米。 　　尖山式硬山顶,干槎瓦屋面。正脊为花瓦脊,花瓦样式为短银锭,正脊两端有升起;垂脊为花瓦脊,花瓦样式为砂锅套。二榀叉手梁式木构架,共21根檩条,檩条上铺苇箔。前、后檐墙封护檐为菱角檐,墙体下碱为方整石砌筑,上身为青砖砌筑;山墙青砖砌筑。室内墙面为白灰砂浆墙面;室内地面为青砖地面。前檐墙设双扇平开板门,前檐墙设直棂窗2处。前檐门前设二阶踏跺。
101	二进院 正房	位于淑傆门二进院最北侧,坐北向南。面阔三间,通面阔8.62米,进深一间,通进深5.37米,建筑面积46.29平方米。建筑檐高4.13米,总高6.31米。 　　尖山式硬山顶,干槎瓦屋面。正脊为花瓦脊,花瓦样式为短银锭;垂脊为花瓦脊,花瓦样式为砂锅套。二榀五檩抬梁式木构架,共9根檩条,檩条上铺方椽,椽子上铺望砖。前檐墙及山墙墙体下碱为方整石砌筑,上身为青砖砌筑;后檐墙墙体为方整石砌筑。室内墙面上身为白灰砂浆墙面,下碱为青砖墙面;室内地面为青砖地面。前檐明间设双扇平开板门,隔断墙上设门洞,前檐设直棂窗2处。前檐门前设有月台,月台前设两阶踏跺。

续表

编号	建筑名称	建筑形制
102	二进院 正房耳房	位于淑俭门二进院正房西侧,坐北向南。面阔二间,通面阔4.44米,进深一间,通进深4.86米,建筑面积21.58平方米。建筑檐高4.32米,总高6.52米。 尖山式硬山顶,干槎瓦屋面。正脊为花瓦脊,花瓦样式为短银锭,正脊两端有升起;垂脊为花瓦脊,花瓦样式为砂锅套。一榀叉手梁式木构架,共14根檩条,檩条上铺苇箔。前、后檐墙墙体下碱为方整石砌筑,上身为青砖砌筑;山墙青砖砌筑。室内墙面为白灰砂浆墙面;室内地面为青砖地面。前檐设有双扇平开板门,前檐西次间设直棂窗,西山墙设直棂高窗。前檐门前设一阶踏跺。
103	车门	位于淑俭门大门西侧,坐北向南。面阔一间,通面阔3.80米,进深一间,通进深2.18米,建筑面积8.28平方米。建筑檐高2.67米,总高3.76米。 尖山式硬山顶,干槎瓦屋面。正脊为花瓦脊,花瓦样式为短银锭,正脊两端有升起;垂脊为花瓦脊,花瓦样式为砂锅套。5根檩条两端均支承在墙体上,檩条上铺望板。檐部有木过梁,过梁两端以挑檐石承托。墙体下碱为方整石砌筑,上身为青砖砌筑,墙心为方整石砌筑。室内墙面上身为白灰砂浆墙面,下碱为方整石砌筑;室内地面为青砖地面。设有双扇平开板门。

附表 1-13　　　　　　　　八门一府一园——亚元府建筑形制表

编号	建筑名称	建筑形制
104	大门	位于亚元府最北侧,坐南向北。面阔一间,通面阔4.07米,进深一间,通进深2.66米,建筑面积10.83平方米。建筑檐高3.78米,总高5.45米。 　　尖山式硬山顶,干槎瓦屋面。正脊为花瓦脊,花瓦样式为套砂锅套;垂脊为花瓦脊,花瓦样式为套砂锅套;铃铛排山。3根檩条两端均支承在墙体上,檩条上铺方椽,椽距中到中为0.28米。椽子上铺望砖。两根垂连柱。墙体下碱为方整石砌筑,上身为青砖砌筑。室内墙面上身为白灰砂浆墙面,下碱为方整石砌筑;室内地面为青砖地面。设有双扇平开板门。
105	门房	位于亚元府大门东侧,坐西向东。面阔一间,通面阔2.84米,进深一间,通进深2.91米,建筑面积8.26平方米。建筑檐高4.08米,总高5.19米。 　　尖山式硬山顶,干槎瓦屋面。3根檩条两端均支承在墙体上,檩条上铺方椽,椽距中到中为0.28米。椽子上铺望砖。前檐墙与西山墙墙体下碱为方整石砌筑,上身为青砖砌筑;后檐墙墙体上身为青砖砌筑,下碱为方整石砌筑,墙心为整石砌筑。东山墙青砖砌筑。室内墙面上身为白灰砂浆墙面,下碱为方整石砌筑;室内地面为青砖地面。前檐设有单扇平开板门、直棂窗。
106	一进院倒座	位于亚元府大门西侧,坐北向南。面阔三间,通面阔9.91米,进深一间,通进深3.80米,建筑面积37.62平方米。建筑檐高3.68米,总高5.48米。 　　尖山式硬山顶,干槎瓦屋面。正脊为花瓦脊,花瓦样式为短银锭;垂脊为花瓦脊,花瓦样式为砂锅套。二榀五檩抬梁式木构架,共9根檩条,檩条上铺方椽,椽子上铺望砖。前、后檐墙封护檐为菱角檐,墙体下碱为方整石砌筑,上身为青砖砌筑;后檐墙及山墙墙体上身为青砖砌筑,下碱和墙心为方整石砌筑,墙心用白灰抹面。室内墙面上身为白灰砂浆墙面,下碱为青砖墙面;室内地面为青砖地面。前檐明间设双扇平开板门,前檐直棂窗2处,西山墙设方格窗,后檐明间设高窗。

续表

编号	建筑名称	建筑形制
107	二进院院门	位于亚元府一进院南侧、东厢房北侧,坐西向东。面阔一间,通面阔2:33米,进深一间,通进深2.87米,建筑面积6.69平方米。建筑檐高2.83米,总高3.98米。 尖山式硬山顶,干槎瓦屋面。正脊为花瓦脊,花瓦样式为套砂锅套;垂脊为皮条脊。5根檩条两端均支承在墙体上,檩条上铺苇箔。前檐墙封护檐为菱角檐,墙体上身为青砖砌筑,下碱为方整石砌筑。室内墙面上身用白灰抹面,下碱为碎石墙面;室内地面为青砖地面。设有双扇平开板门。
108	二进院东厢房	位于亚元府二进院院门南侧,坐东向西。面阔三间,通面阔8.23米,进深一间,通进深4.19米,建筑面积34.48平方米。建筑檐高3.36米,总高5.40米。 尖山式硬山顶,干槎瓦屋面。正脊为花瓦脊,花瓦样式为套砂锅套;垂脊为花瓦脊,花瓦样式为套砂锅套。二榀叉手梁式木构架,共21根檩条,檩条上铺方椽,椽子上铺望砖。前、后檐墙封护檐为菱角檐,墙体下碱为方整石砌筑,上身为青砖砌筑;山墙墙体上身为青砖砌筑,下碱和墙心为方整石砌筑,墙心使用白灰抹面;隔断墙墙体青砖砌筑。室内墙面上身用白灰抹面,下碱为青砖墙面;室内地面为青砖地面。前檐明间设双扇平开板门,门上安装门亮子;室内隔断墙开门洞,前檐直棂窗2处。前檐门前设一阶踏跺。
109	二进院西厢房	位于二进院东厢西侧,坐西向东。面阔三间,通面阔8.98米,进深一间,通进深5.04米,建筑面积45.26平方米。建筑檐高3.90米,总高6.05米。 尖山式硬山顶,干槎瓦屋面。正脊为花瓦脊,花瓦样式为套砂锅套;垂脊为花瓦脊,花瓦样式为套砂锅套。二榀叉手梁式木构架,共21根檩条,檩条上铺方椽,椽子上铺望砖。前、后檐墙封护檐为菱角檐,墙体为方整石砌筑。山墙墙体檐口以下为方整石砌筑,山尖墙体为炉渣砖砌筑。室内墙面上身用白灰抹面,下碱为青砖墙面;室内地面为青砖地面。前檐明间设双扇平开板门,前檐直棂窗2处,后檐直棂窗1处。前檐门前设有月台,月台前设三阶踏跺。

续表

编号	建筑名称	建筑形制
110	二进院佛堂	位于二进院西厢西南侧,坐东向西。面阔三间,通面阔 7.55 米,进深一间,通进深 4.57 米,建筑面积 34.50 平方米。建筑檐高 3.39 米,总高 5.46 米。 尖山式硬山顶,干槎瓦屋面。正脊为花瓦脊,花瓦样式为套砂锅套;垂脊为花瓦脊,花瓦样式为套砂锅套。二檩五檩抬梁式木构架,共 9 根檩条,檩条上铺方椽,椽子上铺望砖。前、后檐墙封护檐为菱角檐,墙体下碱为方整石砌筑,上身为青砖砌筑。山墙墙体上身为青砖砌筑,下碱和墙心为方整石砌筑,墙心使用白灰抹面;隔断墙墙体青砖砌筑。室内墙面上身用白灰抹面,下碱为青砖墙面;室内地面为青砖地面。前、后檐明间设双扇平开板门、直棂窗。前后檐门前各设一阶踏跺。

附表 1-14　　　　四府一寺——解元府建筑形制表

编号	建筑名称	建筑形制
111	正房	解元府位于南北大街南头,解元府现仅存解元府正房及正房耳房,坐南向北。面阔三间,通面阔 7.55 米,进深一间,通进深 4.57 米,建筑面积 34.5 平方米。建筑檐高 3.41 米,总高 5.48 米。 尖山式硬山顶,干槎瓦屋面。正脊为花瓦脊,花瓦样式为短银锭;垂脊为花瓦脊,花瓦样式为鱼鳞图案。二檩五檩抬梁式木构架,共 9 根檩条,檩条上铺苇箔。前檐墙封护檐为菱角檐,墙体上身为青砖砌筑,下碱为方整石砌筑;后檐墙封护檐为菱角檐,墙体上身为青砖砌筑,墙心和下碱为方整石砌筑。山墙墙体上身青砖砌筑,墙心为碎石和方整石砌筑,下碱为方整石砌筑。室内墙面上身白灰抹面,下碱为青砖墙面;室内地面为青砖地面。前檐墙设双扇平开板门,门上设有门亮子;前檐设方格窗 2 处,后檐明间设圆形方格窗。

续表

编号	建筑名称	建筑形制
112	正房耳房	位于正房西侧,建筑坐南向北。面阔一间,通面阔2.55米,进深一间,通进深3.44米,建筑面积8.77平方米。建筑檐高2.7米,总高3.67米。 尖山式硬山顶,干槎瓦屋面。5根檩条两端均支承在墙体上,檩条上铺苇箔。前檐墙墙体下碱为整石砌筑,上身墙体为青砖砌筑;后檐墙墙体为方整石砌筑,腰线为三层青砖。山墙墙体青砖砌筑。室内墙面白灰抹面;室内地面为青砖地面。前檐墙设双扇平开板门。

附表 1-15　　　　　　　　**其他院落——悦赞门建筑形制表**

编号	建筑名称	建筑形制
113	大门	位于西门街中段南侧,坐南向北。面阔一间,通面阔3.91米,进深一间,通进深3.30米,建筑面积10.00平方米。建筑檐高3.83米,总高5.82米。 尖山式硬山顶,干槎瓦屋面。正脊为花瓦脊,花瓦样式为套砂锅套,正脊两端有升起;垂脊为花瓦脊,花瓦样式为砂锅套。5根檩条两端均支承在墙体上,檩条上铺方椽,椽子上铺望砖。墙体下碱为方整石砌筑,上身为青砖砌筑。室内墙面上身为白灰砂浆墙面,下碱为方整石砌筑;室内地面为青砖地面。设有双扇平开板门,前檐及后檐设楣子。前檐门前设一阶踏跺。
114	门房	位于悦赞门大门西侧,坐北向南。面阔一间,通面阔1.83米,进深一间,通进深3.30米,建筑面积7.85平方米。建筑檐高3.43米,总高4.46米。 尖山式硬山顶,干槎瓦屋面。7根檩条两端均支承在墙体上,檩条上铺苇箔。墙体为青砖砌筑。室内墙面为白灰砂浆墙面;室内地面为青砖地面。前檐墙设有单扇平开板门。

续表

编号	建筑名称	建筑形制
115	倒座	位于悦赞门大门西侧,坐北向南。面阔三间,通面阔 9.35 米,进深一间,通进深 5.47 米,建筑面积 51.14 平方米。建筑檐高 4.07 米,总高 6.23 米。 　　尖山式硬山顶,干槎瓦屋面。正脊为花瓦脊,花瓦样式为鱼鳞图案;垂脊为花瓦脊,花瓦样式为套砂锅套。二檩叉手梁式木构架,共 15 根檩条,檩条上铺方椽,椽子上铺望砖。前、后檐墙封护檐为菱角檐,墙体下碱为方整石砌筑,上身为青砖砌筑。山墙墙体上身为青砖砌筑,下碱为方整石砌筑。室内墙面用白灰抹面;室内地面为青砖地面。前檐明间设双扇平开板门,门上安装门亮子;前檐设直棂窗 2 处。前檐门前设三阶踏跺。
116	东厢房	位于悦赞门大门南侧,坐东向西。面阔三间,通面阔 9.20 米,进深一间,通进深 4.30 米,建筑面积 39.56 平方米。建筑檐高 3.94 米,总高 5.72 米。 　　尖山式硬山顶,干槎瓦屋面。正脊为花瓦脊,花瓦样式为短银锭;垂脊为花瓦脊,花瓦样式为套砂锅套。二檩五檩抬梁式木构架,共 9 根檩条,檩条上铺苇箔,6 根瓜柱。前、后檐墙封护檐为菱角檐,墙体下碱为方整石砌筑,上身为青砖砌筑。山墙墙体上身为青砖砌筑,下碱为方整石砌筑,墙心为方整石砌筑并且使用白灰抹面。明间与北次间、明间与南次间之间均设隔断墙,墙体为青砖砌筑,墙面用白灰抹面室内。室内墙面上身白灰抹面,下碱为青砖墙面;地面为青砖地面。前檐明间设双扇平开板门,门上安装门亮子;后檐南次间设单扇板门,隔墙设单扇板门。前檐设直棂窗 2 处。前檐门前设一阶踏跺。

续表

编号	建筑名称	建筑形制
117	正房	位于悦赞门东厢西侧,坐西向东。面阔三间,通面阔 9.21 米,进深一间,通进深 5.10 米,建筑面积 45.55 平方米。建筑檐高 3.91 米,总高 6.03 米。 尖山式硬山顶,干槎瓦屋面。正脊为花瓦脊,花瓦样式为短银锭;垂脊为花瓦脊,花瓦样式为套砂锅套。二椸叉手梁式木构架,共 21 根檩条,檩条上铺苇箔。前、后檐墙封护檐为菱角檐,墙体下碱为方整石砌筑,上身为青砖砌筑。山墙墙体上身为青砖砌筑,下碱为方整石砌筑,墙心为方整石砌筑并且使用白灰抹面。明间与南次间之间设隔断墙,墙体为青砖砌筑。室内墙面用白灰抹面;室内地面为青砖地面。前檐明间设双扇平开板门,门上安装门亮子;隔墙设单扇板门,前檐直棂窗 2 处,前檐门前设四阶踏跺。
118	正房耳房	位于悦赞门正房北侧,坐西向东。面阔三间,通面阔 7.64 米,进深一间,通进深 5.00 米,建筑面积 38.20 平方米。建筑檐高 3.25 米,总高 5.1 米。 尖山式硬山顶,干槎瓦屋面。正脊为花瓦脊,花瓦样式为短银锭;垂脊为花瓦脊,花瓦样式为套砂锅套。二椸叉手梁式木构架,共 27 根檩条,檩条上铺苇箔。前、后檐墙封护檐为菱角檐,墙体下碱为方整石砌筑,上身为青砖砌筑。山墙墙体上身为青砖砌筑,下碱为方整石砌筑,墙心为方整石砌筑并且使用白灰抹面。室内墙面用白灰抹面;室内地面为青砖地面。前檐南次间设双扇平开板门,门上安装门亮子,前檐设直棂窗 2 处。前檐门前设一阶踏跺。

续表

编号	建筑名称	建筑形制
119	二门	位于悦赞门大门东南侧,坐东向西。面阔一间,通面阔 1.35 米,进深一间,通进深 0.44 米,建筑面积 0.59 平方米。建筑檐高 2.47 米,总高 3.07 米。 尖山式硬山顶,干槎瓦屋面。正脊为花瓦脊,花瓦样式为套砂锅套。封护檐为菱角檐,墙体上身为青砖砌筑,下碱为方整石砌筑。设有单扇板门。
120	东跨院倒座	位于悦赞门大门东侧,坐北向南。面阔三间,通面阔 7.44 米,进深一间,通进深 4.88 米,建筑面积 36.31 平方米。建筑檐高 4.09 米,总高 6.50 米。 尖山式硬山顶,干槎瓦屋面。正脊为花瓦脊,花瓦样式为套砂锅套,正脊两端有升起;垂脊为花瓦脊,花瓦样式为砂锅套。二榀五檩抬梁式木构架,共 9 根檩条,檩条上铺方椽,椽子上铺望砖。前、后檐墙封护檐为菱角檐,墙体下碱为方整石砌筑,上身为青砖砌筑,后檐墙及山墙墙心为方整石砌筑并且使用白灰抹面。室内墙面上身白灰抹面,下碱为青砖墙面;室内地面为青砖地面。前檐明间设双扇平开板门,门上安装门亮子;前檐设直棂窗 2 处。前檐门前设三阶踏跺。

附表 1-16　　　　　　　　　其他院落——悦屾门建筑形制表

编号	建筑名称	建筑形制
121	大门	位于悦屾门正房耳房西侧,坐南向北。面阔一间,通面阔3.26米,进深一间,通进深2.87米,建筑面积8.96平方米。建筑檐高3.34米,总高5.29米。 尖山式硬山顶,干槎瓦屋面。正脊为花瓦脊,花瓦样式为套砂锅套,正脊两端有升起;垂脊为花瓦脊,花瓦样式为砂锅套;铃铛排山。3根檩条两端均支承在墙体上,檩条上铺方椽,椽子上铺望砖。墙体下碱为方整石砌筑,上身为青砖砌筑。室内墙面上身为白灰砂浆墙面,下碱为方整石砌筑;室内地面为青砖地面。设有双扇平开板门,前后檐设楣子。
122	门房	位于悦屾门大门西侧,东山墙与大门共用,坐北向南。面阔一间,通面阔2.73米,进深一间,通进深2.87米,建筑面积7.83平方米。建筑檐高2.77米,总高3.92米。 尖山式硬山顶,干槎瓦屋面,正脊为皮条脊。1根檩条两端均支承在墙体上,檩条上铺方椽,椽距中到中为0.28米。椽子上铺望砖。墙体下碱为方整石砌筑,上身为青砖砌筑;东山墙墙体青砖砌筑。室内墙面为白灰砂浆墙面;室内地面为青砖地面。前檐墙设有单扇平开板门、方格窗。
123	二进院东厢房	位于悦屾门二进院东侧,坐东向西。面阔三间,通面阔7.24米,进深一间,通进深3.63米,建筑面积26.28平方米。建筑檐高3.36米,总高5.42米。 尖山式硬山顶,干槎瓦屋面。正脊为花瓦脊,花瓦样式为套砂锅套;垂脊为花瓦脊,花瓦样式为套砂锅套。二榀五檩抬梁式木构架,共9根檩条,檩条上铺方椽,椽子上铺望砖。前、后檐墙封护檐为菱角檐,墙体下碱为方整石砌筑,上身为青砖砌筑。山墙墙体上身为青砖砌筑,下碱和墙心为方整石砌筑,墙心使用白灰抹面;隔断墙墙体青砖砌筑。室内墙面上身用白灰抹面,下碱为青砖墙面。室内地面为青砖地面。前檐明间设双扇平开板门,门上安装门亮子;前檐北次间设单扇平开板门,前檐设直棂窗2处。前檐门前设一阶踏跺。

续表

编号	建筑名称	建筑形制
124	二进院西厢房	位于悦岫门二进院东厢房西侧,坐西向东。面阔三间,通面阔8.43米,进深一间,通进深3.96米,建筑面积33.38平方米。建筑檐高3.57米,总高5.32米。 　　尖山式硬山顶,干槎瓦屋面。正脊为花瓦脊,花瓦样式为套砂锅套;垂脊为花瓦脊,花瓦样式为套砂锅套。二椢五檩抬梁式木构架,共9根檩条,檩条上铺苇箔。6根瓜柱。前、后檐墙封护檐为菱角檐。墙体上身为青砖砌筑,下碱为方整石砌筑,软墙心使用白灰砂浆抹面。山墙墙体上身为青砖砌筑,下碱为方整石砌筑,墙心使用白灰抹面。室内墙面上身用白灰抹面,下碱为青砖墙面;室内地面为青砖地面。前檐明间设双扇平开板门,门上安装门亮子;前、后檐墙各设有直棂窗2处。前檐门前设一阶踏跺。
125	二进院正房	位于悦岫门二进院南侧,坐南向北。面阔三间,通面阔8.10米,进深一间,通进深4.10米,建筑面积33.21平方米。建筑檐高3.13米,总高4.86米。 　　尖山式硬山顶,干槎瓦屋面。正脊为花瓦脊,花瓦样式为短银锭;垂脊为花瓦脊,花瓦样式为套砂锅套。二椢五檩抬梁式木构架,共9根檩条,檩条上铺苇箔。前、后檐墙封护檐为菱角檐,墙体上身为青砖砌筑,下碱为方整石砌筑。山墙墙体上身为青砖砌筑,下碱为方整石砌筑,墙心使用白灰抹面。室内墙面上身用白灰抹面,下碱为青砖墙面;室内地面为青砖地面。前檐明间设双扇平开板门,门上安装门亮子;前檐设直棂窗2处,东山墙直棂窗1处。前檐门前设两阶踏跺。
126	二进院正房耳房	位于悦岫门二进院正房西侧,坐南向北。面阔一间,通面阔3.26米,进深一间,通进深4.10米,建筑面积13.37平方米。建筑檐高3.72米,总高5.35米。 　　尖山式硬山顶,干槎瓦屋面。正脊为花瓦脊,花瓦样式为短银锭;垂脊为花瓦脊,花瓦样式为套砂锅套。7根檩条两端均支承在墙体上,檩条上铺苇箔。前、后檐墙封护檐为菱角檐,墙体上身为青砖砌筑,下碱为方整石砌筑;山墙墙体上身为青砖砌筑,下碱为方整石砌筑,墙心使用白灰抹面。室内墙面上身用白灰抹面,下碱为青砖墙面;室内地面为青砖地面。前檐设双扇平开板门,前檐设直棂窗1处,西山墙设直棂窗1处。

附表 1-17　　　　　　　　　其他院落——盐店建筑形制表

编号	建筑名称	建筑形制
127	大门	位于盐店最南侧,坐北向南。面阔一间,通面阔3.24米,进深一间,通进深5.30米,建筑面积17.17平方米。建筑檐高3.53米,总高6.40米。 尖山式硬山顶,干槎瓦屋面。正脊为花瓦脊,花瓦样式为短银锭,正脊两端有升起;垂脊为花瓦脊,花瓦样式为砂锅套;铃铛排山。7根檩条两端均支承在墙体上,檩条上铺苇箔。墙体下碱为方整石砌筑,上身为青砖砌筑。室内墙面上身白灰抹面,下碱为青砖墙面;室内地面为青砖地面。设有双扇平开板门。
128	二门	位于倒座与东厢房之间,坐北向南,平面呈"一"字形,面阔一间,通面阔1.56米,进深一间,通进深0.53米,建筑面积0.83平方米。檐高2.8米,总高3.08米。 干槎瓦屋面。墙体下碱为方整石砌筑,上身为青砖砌筑。墙上开拱形门洞,洞高2.20米。
129	倒座	面阔一间,进深一间,位于大门西侧,东山墙与大门共用,坐南向北。通面阔8.49米,通进深5.30米,建筑面积45.00平方米。建筑檐高3.20米,总高5.94米。 尖山式硬山顶,干槎瓦屋面。正脊为花瓦脊,花瓦样式为短银锭;垂脊为花瓦脊,花瓦样式为砂锅套。二槫叉手梁式木构架,共27根檩条,檩条上铺苇箔。前、后檐墙墙体上身为青砖砌筑,下碱为方整石砌筑;山墙墙体青砖砌筑。室内墙面白灰抹面;室内地面为青砖地面。前檐墙明间设双扇平开板门,前檐墙设直棂窗2处,后檐墙设直棂窗1处。前檐门前设一阶踏跺。

续表

编号	建筑名称	建筑形制
130	东厢房	位于盐店大门北侧,与二门相连,坐东向西。面阔三间,通面阔6.05米,进深一间,通进深3.57米,建筑面积21.60平方米。建筑檐高3.09米,总高4.88米。 尖山式硬山顶,干槎瓦屋面。正脊为花瓦脊,花瓦样式为短银锭;垂脊为花瓦脊,花瓦样式为砂锅套。二榀叉手梁式木构架,共15根檩条,檩条上铺苇箔。墙体青砖砌筑,室内墙面上身用白灰抹面,下碱为青砖墙面;室内地面为青砖地面。前檐墙明间设双扇平开板门,前檐墙设直棂窗2处,后檐墙设直棂窗1处,内为方窗外为圆窗洞。前檐门前设一阶踏跺。
131	西厢房	位于盐店东厢房西侧。坐西向东。面阔三间,通面阔5.96米,进深一间,通进深3.08米,建筑面积18.36平方米。建筑檐高3.20米,总高4.81米。 尖山式硬山顶,干槎瓦屋面。正脊为花瓦脊,花瓦样式为短银锭;垂脊为花瓦脊,花瓦样式为砂锅套。二榀叉手梁式木构架,共15根檩条,檩条上铺苇箔。墙体青砖砌筑,室内墙面用白灰抹面;室内地面为青砖地面。前檐墙明间设双扇平开板门,前檐墙设直棂窗2处。前檐门前设一阶踏跺。

附表 1-18　　　　　　　　　其他院落——昆龄宅建筑形制表

编号	建筑名称	建筑形制
132	大门	位于昆龄宅院落东南角,坐西向东,平面呈"一"字形。面阔一间,通面阔2.72米,进深一间,通进深0.59米,建筑面积3.65平方米。建筑檐高3.70米,总高5.13米。 尖山式硬山顶,干槎瓦屋面。正脊为花瓦脊,花瓦样式为套砂锅套,正脊两端有升起;垂脊为花瓦脊,花瓦样式为砂锅套。椽子上铺望砖。墙体下碱为方整石砌筑,上身为青砖砌筑;室内地面为青砖地面。设有双扇平开板门。
133	二门	位于昆龄宅南房与东厢房之间,坐西向东,平面呈"一"字形。面阔一间,通面阔1.84米,进深一间,通进深0.50米,建筑面积0.92平方米。建筑檐高3.07米,总高3.74米。 尖山式硬山顶,干槎瓦屋面。正脊为花瓦脊,花瓦样式为套砂锅套,正脊两端有升起;垂脊为花瓦脊,花瓦样式为砂锅套。1根檩条两端均支承在墙体上,檩条上铺方椽,椽子上铺望砖。墙体下碱为方整石砌筑,上身为青砖砌筑;室内地面为青砖地面。设有双扇平开板门。
134	倒座	位于昆龄宅二进院南侧,坐南朝北。面阔三间,通面阔9.56米,进深一间,通进深5.19米,建筑面积49.61平方米。建筑檐高3.74米,总高5.85米。 尖山式硬山顶,干槎瓦屋面。正脊为花瓦脊,花瓦样式为套砂锅套;垂脊为花瓦脊,花瓦样式为鱼鳞图案。二檩五檩抬梁式木构架,共9根檩条,檩条上铺苇箔。墙体下碱为方整石砌筑,上身墙体为青砖砌筑,墙心为土坯砖砌筑。室内墙面上身白灰抹面,下碱为青砖墙面;室内地面为青砖地面。前檐墙设双扇平开板门,门上设有门亮子;前檐设直棂窗2处。

续表

编号	建筑名称	建筑形制
135	东厢房	位于昆龄宅二进院东侧,坐东向西。面阔三间,通面阔8.82米,进深一间,通进深4.54米,建筑面积40.04平方米。建筑檐高3.90米,总高6.03米。 尖山式硬山顶,干槎瓦屋面。正脊为花瓦脊,花瓦样式为短银锭;垂脊为花瓦脊,花瓦样式为套砂锅套。二榀叉手梁式木构架,共27根檩条,檩条上铺苇箔。前、后檐墙封护檐为菱角檐,墙体上身为青砖砌筑,下碱为方整石砌筑,软墙心使用白灰砂浆抹面。室内墙面上身白灰抹面,下碱为青砖墙面;室内地面为青砖地面。前檐墙明间设双扇平开板门,门上设有门亮子;前檐墙南次间设双扇平开板门,门上设有门亮子。前檐墙设有直棂窗1处。前檐门前设一阶踏跺。
136	西厢房	位于昆龄宅二进院西侧,坐西向东。面阔三间,通面阔8.82米,进深一间,通进深4.54米,建筑面积40.04平方米。建筑檐高3.90米,总高6.03米。 尖山式硬山顶,干槎瓦屋面。正脊为花瓦脊,花瓦样式为短银锭;垂脊为花瓦脊,花瓦样式为套砂锅套。二榀叉手梁式木构架,共27根檩条,檩条上铺苇箔。前、后檐墙封护檐为菱角檐,墙体上身为青砖砌筑,下碱为方整石砌筑,软墙心使用白灰砂浆抹面。室内墙面上身白灰抹面,下碱为青砖墙面;室内地面为青砖地面。前檐墙明间设双扇平开板门,门上设有门亮子;前檐墙设直棂窗2处。前檐门前设一阶踏跺。

续表

编号	建筑名称	建筑形制
137	正房	位于昆龄宅二进院北端,坐北朝南。面阔三间,通面阔9.51米,进深一间,通进深4.87米,建筑面积46.31平方米。建筑檐高3.61米,总高5.84米。 尖山式硬山顶,干槎瓦屋面。正脊为花瓦脊,花瓦样式为套砂锅套,正脊两端有升起;垂脊为花瓦脊,花瓦样式为鱼鳞图案;铃铛排山。二椽五檩抬梁式木构架,共9根檩条,檩条上铺方椽,椽子上铺苇箔。前、后檐墙封护檐为菱角檐,墙体上身为青砖砌筑,下碱为方整石砌筑,软墙心使用白灰砂浆抹面;山墙墙体青砖砌筑。室内墙面上身白灰抹面,下碱为青砖墙面;室内地面为青砖地面。前檐墙明间设双扇平开板门,门上设有门亮子;前檐墙设直棂窗2处。
138	正房耳房	位于昆龄宅正房东侧,坐北朝南。面阔一间,通面阔5.92米,进深一间,通进深4.32米,建筑面积25.57平方米。建筑檐高2.91米,总高4.13米。 尖山式硬山顶,干槎瓦屋面。正脊为花瓦脊,花瓦样式为短银锭;垂脊为花瓦脊,花瓦样式为套砂锅套;铃铛排山。一椹五檩抬梁式木构架,共3根檩条,檩条上铺苇箔。墙体青砖砌筑,室内墙面白灰抹面,室内地面为青砖地面。前檐墙设有双扇平开板门、直棂窗。
139	随墙门	位于昆龄宅东厢房和正房耳房之间,建筑面积0.63平方米。为单扇平开板门,建筑总高2.9米。 正脊为花瓦脊,花瓦样式为鱼鳞图案。墙体下碱为方整石砌筑,上身为青砖砌筑。设有双扇平开板门。

附表 1-19　　　　　　　　　　其他院落——夙纲府建筑形制表

编号	建筑名称	建筑形制
140	大门	位于西门街北侧,坐北向南。面阔一间,通面阔 3.78 米,进深一间,通进深 3.00 米,建筑面积 11.34 平方米。建筑檐高 3.65 米,总高 5.27 米。 尖山式硬山顶,干槎瓦屋面。正脊为花瓦脊,花瓦样式为套砂锅套;垂脊为花瓦脊,花瓦样式为鱼鳞图案,铃铛排山。5 根檩条两端均支承在墙体上,檩条上铺方椽。墙体墙体上身青砖砌筑,墙心乱石砌筑,白灰抹面;下碱为方整石砌筑。室内地面为青砖地面。设有双扇平开板门。
141	院门	位于夙纲府一进院东侧,坐西向东。面阔一间,通面阔 3.02 米,进深一间,通进深 4.13 米,建筑面积 12.47 平方米。建筑檐高 3.53 米,总高 5.38 米。 尖山式硬山顶,干槎瓦屋面。正脊为花瓦脊,花瓦样式为短银锭;垂脊为花瓦脊,花瓦样式为鱼鳞图案,铃铛排山。7 根檩条两端均支承在墙体上,檩条上铺苇箔。墙体墙体上身青砖砌筑,墙心和下碱均为方整石砌筑;室内地面为青砖地面。设有双扇平开板门。前檐门前设一阶踏跺。
142	正房	位于夙纲府一进院北侧,坐北向南。面阔五间,通面阔 14.67 米,进深一间,通进深 5.74 米,建筑面积 77.30 平方米。建筑檐高 4.15 米,总高 6.75 米。 尖山式硬山顶,仰合瓦屋面。正脊为花瓦脊,花瓦样式为套砂锅套,正脊两端有升起;垂脊为花瓦脊,花瓦样式为砂锅套,铃铛排山。四榀叉手式木构架,共 24 根檩条,檩条上铺方椽,前檐墙封护檐为灯笼檐,墙体下碱为方整石砌筑,上身青砖墙体;后檐墙封护檐为菱角檐,墙体上身青砖砌筑,下碱为方整石砌筑。山墙墙体上身青砖砌筑,墙心和下碱均为方整石砌筑。室内下碱为清水墙面,上身白灰抹面;室内地面为青砖地面。前檐设双扇平开板门,板门上设有门亮子;东、西隔墙设单扇板门,前檐墙设直棂窗 2 处,前檐墙设方格窗 2 处,西山墙设方格窗 2 处;东山墙设方格窗 1 处。倒挂楣子 3 个。前檐门前设两阶如意踏跺。

续表

编号	建筑名称	建筑形制
143	东厢房	位于夙纲府一进院东侧,坐东向西。面阔二间,通面阔5.64米,进深一间,通进深4.13米,建筑面积23.29平方米。建筑檐高3.53米,总高5.38米。 卷棚顶建筑,干槎瓦屋面。正脊为花瓦脊,花瓦样式为短银锭;垂脊为花瓦脊,花瓦样式为鱼鳞图案,铃铛排山。一榀叉手式木构架,共14根檩条,檩条上铺苇箔。前檐墙封护檐为菱角檐,墙体上身青砖砌筑,下碱为方整石砌筑;后檐墙封护檐为菱角檐,墙体上身青砖砌筑,下碱为方整石砌筑,墙心为土坯砖砌筑,白灰抹面。山墙墙体上身青砖砌筑,下碱为方整石砌筑。室内下碱为清水墙面,上身白灰抹面;室内地面为青砖地面。前檐设双扇平开板门,板门上设有门亮子;前檐墙设直棂窗1处。前檐门前设二阶如意踏跺。
144	二进院院门	位于夙纲府二进院南侧,坐北向南。面阔一间,通面阔2.21米,进深一间,通进深1.74米,建筑面积2.63平方米。建筑檐高3.10米,总高3.87米。 尖山式硬山顶,干槎瓦屋面。正脊为花瓦脊,花瓦样式为短银锭;垂脊为铃铛排山脊。墙体封护檐为菱角檐,墙体上身青砖砌筑,下碱为方整石砌筑。室内地面为青砖地面。设有双扇平开板门。前檐门前设一阶踏跺。
145	二进院正房	位于夙纲府二进院北侧,坐北向南。面阔三间,通面阔6.93米,进深一间,通进深4.37米,建筑面积30.28平方米。二层建筑,建筑檐高5.65米,总高7.74米。 尖山式硬山顶,干槎瓦屋面。正脊为花瓦脊,花瓦样式为套砂锅套,正脊两端有升起,两端图样为蝎子尾,蝎子尾上有兽;垂脊为花瓦脊,花瓦样式为砂锅套,铃铛排山。二榀抬梁式木构架,共9根檩条,檩条上铺方椽。前檐墙封护檐为菱角檐,墙体上身青砖砌筑,下碱为方整石砌筑;后檐墙封护檐为菱角檐,墙体上身青砖砌筑,下碱为方整石砌筑,墙心白灰抹面。山墙墙体上身青砖砌筑,下碱及墙心为方整石砌筑。室内一层下碱为清水墙面,上身白灰抹面;室内二层墙体白灰抹面;室内一层地面为青砖地面,室内二层地面为木板。前檐设双扇平开板门,前檐墙一层设直棂窗2处,前檐墙二层设方格窗3处,东山墙上设圆窗。前檐门前设二阶如意踏跺。

续表

编号	建筑名称	建筑形制
146	二进院西厢房	位于夙纲府二进院西侧,坐西向东。面阔三间,通面阔8.15米,进深一间,通进深4.94米,建筑面积40.26平方米。建筑檐高4.30米,总高6.20米。 卷棚顶建筑,干槎瓦屋面。正脊为花瓦脊,花瓦样式为短银锭;垂脊为花瓦脊,花瓦样式为鱼鳞图案,铃铛排山。二楇叉手式木构架,共27根檩条,檩条上铺方椽。前、后檐墙封护檐为菱角檐,墙体上身为青砖墙体,下碱为砂石岩砌筑,墙心为白灰抹面。山墙墙体上身青砖砌筑,墙心和下碱均为砂石岩砌筑。室内下碱为清水墙面,上身白灰抹面,室内地面为青砖地面。前檐设双扇平开板门,板门上设有门亮子;前檐墙设直棂窗2处。前檐门前设二阶踏跺。
147	二进院西厢房耳房	位于夙纲府二进院西侧,坐西向东。面阔二间,通面阔4.25米,进深一间,通进深4.11米,建筑面积17.47平方米。建筑檐高3.63米,总高5.22米。 尖山式硬山顶,干槎瓦屋面。一楇叉手式木构架,共14根檩条,檩条上铺方椽。墙体上身青砖砌筑,下碱为方整石砌筑。室内下碱为清水墙面,上身白灰抹面;室内地面为青砖地面。前檐设双扇平开板门,板门上设有门亮子;前檐墙设直棂窗1处,后檐设直棂高窗。前檐门前设一阶踏跺。
148	二进院东厢房	位于夙纲府二进院东侧,坐东向西。面阔三间,通面阔8.15米,进深一间,通进深4.94米,建筑面积40.26平方米。建筑檐高4.30米,总高6.20米。 卷棚顶建筑,干槎瓦屋面。正脊为花瓦脊,花瓦样式为短银锭;垂脊为花瓦脊,花瓦样式为鱼鳞图案,铃铛排山。二楇叉手式木构架,共27根檩条,檩条上铺方椽。前、后檐墙封护檐为菱角檐,墙体上身为青砖墙体,下碱为砂石岩砌筑,墙心为白灰抹面。山墙墙体上身青砖砌筑,墙心和下碱均为砂石岩砌筑。室内下碱为清水墙面,上身白灰抹面;室内地面为青砖地面。前檐设双扇平开板门,板门上设有门亮子;前檐墙设直棂窗2处。前檐门前设有月台,月台前设三阶垂带踏跺。

续表

编号	建筑名称	建筑形制
149	二进院倒座	位于夙纲府二进院南侧,坐南向北。面阔三间,通面阔9.98米,进深一间,通进深4.13米,建筑面积41.22平方米。建筑檐高4.22米,总高6.02米。 卷棚顶建筑,干槎瓦屋面。正脊为花瓦脊,花瓦样式为短银锭;垂脊为花瓦脊,花瓦样式为鱼鳞图案,铃铛排山。二榀抬梁式木构架,共9根檩条,檩条上铺方椽。前檐墙封护檐为菱角檐,墙体上身青砖砌筑,下碱为方整石砌筑;后檐墙封护檐为菱角檐,墙体上身青砖砌筑,下碱为方整石砌筑,墙心白灰抹面。山墙墙体上身青砖砌筑,墙心为乱石砌,下碱为方整石砌筑。室内下碱为清水墙面,上身白灰抹面;室内地面为青砖地面。前檐设双扇平开板门,板门上设有门亮子;隔墙设双扇板门,前檐墙设直棂窗2处。前檐墙前设二阶如意踏跺。
150	三进院院门	位于夙纲府三进院东侧,坐西向东。面阔一间,通面阔3.82米,进深一间,通进深5.54米,建筑面积21.16平方米。建筑檐高3.16米,总高5.12米。 卷棚顶建筑,干槎瓦屋面。4根檩条两端均支承在墙体上,檩条上铺椽子,椽子上铺苇箔。墙体墙体上身青砖砌筑,墙心和下碱均为方整石砌筑;室内地面为青砖地面。前、后檐各设双扇平开板门,后檐墙设直棂窗1处。
151	三进院正房	位于夙纲府三进院北侧,坐北向南。面阔三间,通面阔9.92米,进深一间,通进深5.47米,建筑面积54.26平方米。二层建筑,建筑檐高7.90米,总高10.35米。 尖山式硬山顶建筑,干槎瓦屋面。正脊为雕花脊,正脊两端施望兽;垂脊为雕花脊,垂兽前安跑兽2个,垂兽后安跑兽1个,铃铛排山。二榀抬梁式木构架,共9根檩条。檩条上铺方椽,椽子上铺望砖。前、后檐墙封护檐为菱角檐。墙体二层为青砖砌筑,一层为方整石砌筑。室内一层墙体白灰抹面;室内二层下碱为清水墙面,上身白灰抹面;室内一层地面为青砖地面,室内二层地面为木板。前檐设双扇平开板门,板门上设有门亮子;隔墙设双扇板门,前檐墙一层设直棂窗2处,前檐墙二层设直棂窗3处,东、西山墙上各设圆窗。前檐门前设有月台,月台前设三阶踏跺。

续表

编号	建筑名称	建筑形制
152	三进院正房耳房	位于夙纲府三进院北侧,坐北向南。面阔二间,通面阔5.09米,进深一间,通进深4.85米,建筑面积24.69平方米。建筑檐高3.24米,总高5.72米。 尖山式硬山顶建筑,干槎瓦屋面。正脊为花瓦脊,花瓦样式为短银锭;垂脊为花瓦脊,花瓦样式为鱼鳞图案,铃铛排山。一榀抬梁式木构架,共6根檩条,檩条上铺方椽,椽子上铺望砖。前檐墙封护檐为菱角檐,墙体上身青砖砌筑,下碱乱石砌筑;后檐墙封护檐为菱角檐,墙体上身青砖砌筑,墙心和下碱均为乱石砌筑,墙心为白灰抹面。山墙墙体上身青砖砌筑,下碱为方整石砌筑。室内下碱为清水墙面,上身白灰抹面;室内地面为青砖地面。前檐设双扇平开板门,前檐墙设直棂窗1处,西山墙设直棂高窗1处。前檐门前设一阶踏跺。
153	三进院西厢房	位于夙纲府三进院西侧,坐西向东。面阔三间,通面阔8.76米,进深一间,通进深5.11米,建筑面积44.76平方米。建筑檐高4.03米,总高6.17米。 卷棚顶建筑,干槎瓦屋面。正脊为花瓦脊,花瓦样式为短银锭;垂脊为花瓦脊,花瓦样式为鱼鳞图案,铃铛排山。二榀抬梁式木构架,共9根檩条,檩条上铺方椽,椽子上铺望砖。前、后檐墙封护檐为菱角檐,墙体青砖砌筑,下碱为方整石砌筑。山墙墙体上身青砖砌筑,下碱为方整石砌筑,墙心白灰抹面。室内下碱为清水墙面,上身白灰抹面;室内地面为青砖地面。前檐设双扇平开板门,门上设有门亮子;隔墙设双扇板门,前檐墙设直棂窗2处。前檐门前设二阶如意踏跺。
154	三进院东厢房	位于夙纲府三进院东侧,坐东向西。面阔三间,通面阔8.76米,进深一间,通进深5.11米,建筑面积44.76平方米。建筑檐高4.03米,总高6.17米。 卷棚顶建筑,干槎瓦屋面。正脊为花瓦脊,花瓦样式为短银锭;垂脊为花瓦脊,花瓦样式为鱼鳞图案,铃铛排山。二榀抬梁式木构架,共9根檩条,檩条上铺苇箔。前檐墙封护檐为菱角檐,墙体青砖砌筑,下碱为方整石砌筑;后檐墙封护檐为菱角檐,墙体上身青砖砌筑,下碱均为方整石砌筑,墙心乱石砌筑,白灰抹面。山墙墙体上身青砖砌筑,下碱为方整石砌筑,墙心白灰抹面。室内下碱为清水墙面,上身白灰抹面;室内地面为青砖地面。前檐设双扇平开板门,门上设有门亮子;隔墙设双扇板门,前檐墙设直棂窗2处。前檐门前设二阶如意踏跺。

附表 1-20　　　　　　　　其他院落——悦循门南院建筑形制表

编号	建筑名称	建筑形制
155	大门	位于悦循门南院最北侧,坐南向北。面阔一间,通面阔3.78米,进深一间,通进深4.59米,建筑面积17.53平方米。建筑檐高3.57米,总高6.03米。 尖山式硬山顶,干槎瓦屋面。正脊为花瓦脊,花瓦样式为短银锭;垂脊为花瓦脊,花瓦样式为鱼鳞图案。7根檩条两端均支承在墙体上,檩条上铺苇箔。墙体下碱为方整石砌筑,上身为青砖砌筑。室内墙面上身为白灰砂浆墙面,下碱为方整石砌筑;室内地面为青砖地面。设有双扇平开板门,前、后檐设楣子。
156	门房	位于悦循门南院大门西侧,山墙与大门共用,坐北向南。面阔一间,通面阔4.11米,进深一间,通进深4.59米,建筑面积18.82平方米。建筑檐高3.39米,总高5.59米。 尖山式硬山顶,干槎瓦屋面。正脊为花瓦脊,花瓦样式为短银锭;垂脊为花瓦脊,花瓦样式为鱼鳞图案。7根檩条两端均支承在墙体上,檩条上铺苇箔。墙体下碱为方整石砌筑,上身为青砖砌筑。室内墙面为白灰砂浆墙面;室内地面为青砖地面。前檐设双扇平开板门。
157	倒座	位于悦循门南院大门东侧,西山墙与大门共用,坐北向南。面阔二间,通面阔7.59米,进深一间,通进深4.40米,建筑面积33.47平方米。建筑檐高3.50米,总高5.65米。 尖山式硬山顶,干槎瓦屋面。正脊为花瓦脊,花瓦样式为短银锭;垂脊为花瓦脊,花瓦样式为鱼鳞图案。一榀叉手梁式木构架,共14根檩条,檩条上铺方椽,椽距中到中0.25米。椽子上铺望砖。前檐墙墙体下碱为方整石砌筑,上身为青砖砌筑;后檐墙墙体下碱方整石砌筑,上身青砖砌筑,墙心白灰抹面;室内墙面白灰抹面。室内地面为青砖地面。前檐墙设有双扇平开板门,前檐直棂窗2处。前檐门前设一阶踏跺。

续表

编号	建筑名称	建筑形制
158	倒座耳房	位于悦循门南院倒座东侧,坐北向南。面阔一间,通面阔4.05米,进深一间,通进深4.21米,建筑面积17.02平方米。建筑檐高3.50米,总高5.65米。 　　尖山式硬山顶,干槎瓦屋面。正脊为花瓦脊,花瓦样式为短银锭;垂脊为花瓦脊,花瓦样式为鱼鳞图案。一榀叉手梁式木构架,共7根檩条,檩条上铺方椽,椽子上铺望砖。墙体为青砖砌筑,后檐墙封护檐为菱角檐。室内墙面白灰抹面;室内地面为青砖地面。前檐墙设有单扇平开板门、直棂窗。前檐门前设一阶踏跺。
159	东厢房	位于悦循门南院东侧,坐东向西。面阔三间,通面阔8.19米,进深一间,通进深4.84米,建筑面积35.52平方米。建筑檐高3.91米,总高6.15米。 　　尖山式硬山顶,干槎瓦屋面。正脊为花瓦脊,花瓦样式为短银锭;垂脊为花瓦脊,花瓦样式为鱼鳞图案。二榀叉手梁式木构架,共21根檩条,檩条上铺苇箔。前檐墙墙体下碱为方整石砌筑,上身为青砖砌筑;后檐墙封护檐为菱角檐,墙体为整石砌筑,腰线为三层青砖。山墙墙体青砖砌筑。室内墙面上身白灰抹面,下碱为青砖墙面;室内地面为青砖地面。前檐墙设有双扇平开板门,门上安装门亮子;前檐直棂窗2处。前檐门前设一阶踏跺。
160	西厢房	位于悦循门南院西侧,坐西向东。面阔三间,通面阔6.96米,进深一间,通进深3.63米,建筑面积25.26平方米。建筑檐高3.21米,总高5.37米。 　　尖山式硬山顶,干槎瓦屋面。正脊为花瓦脊,花瓦样式为短银锭;垂脊为花瓦脊,花瓦样式为鱼鳞图案。二榀叉手梁式木构架,共21根檩条,檩条上铺苇箔。前檐墙封护檐为菱角檐,墙体下碱为整石砌筑,上身墙体为青砖砌筑;后檐墙封护檐为菱角檐,墙体为青砖砌筑,墙心为土坯砖砌筑,下碱为方整石砌筑。山墙墙体为青砖砌筑,墙心为土坯砖砌筑。室内墙面白灰抹面,室内地面为青砖地面。前檐墙设有双扇平开板门,门上安装门亮子;前檐直棂窗2处,后檐明间及南山墙各设方格窗。前檐门前设两阶踏跺。

附表1-21　　　　　　　　　其他院落——敦化祖宅建筑形制表

编号	建筑名称	建筑形制
161	正房	敦化祖宅位于西门街南侧,坐北向南。面阔三间,通面阔12.3米,进深一间,通进深4.14米,建筑面积48平方米。建筑檐高3.12米,总高5.31米。 尖山式硬山顶,干槎瓦屋面。正脊为花瓦脊,花瓦样式为短银锭;垂脊为花瓦脊,花瓦样式为鱼鳞图案。二榀叉手梁式木构架,共21根檩条,檩条上铺苇箔。前、后檐墙墙体下碱为青石砌筑,上身为青砖砌筑,墙心为土坯墙心;山墙墙体下碱为青石砌筑,上身为青砖砌筑,墙心为碎石砌筑。室内墙面白灰抹面,室内地面为青砖地面。双扇平开板门,门上安装门亮子;前檐设直棂窗2处。

三、非物质文化遗产简介

附表1-22　　　　　　　　　非物质文化遗产表

序号	类别	分项	简　介
1	传统舞蹈、杂技	舞狮	李家疃舞狮分一人舞和两人舞。小狮由一人舞,大狮由两人舞。两人舞时一人站立舞狮头,一人弯腰舞狮身和狮尾。舞狮人全身披包狮被,下穿和狮身相同毛色的绿狮裤和金爪蹄靴。引狮人以古代武士装扮,手握旋转绣球,配以京锣、鼓钹逗引瑞狮。狮子在引狮人的引导下,表演腾翻、扑跌、跳跃、登高、朝拜等动作,并有走梅花桩、窜桌子、踩滚球等高难度动作。
2		舞龙灯	舞龙灯又称"龙舞",是一种古老的民俗舞蹈。李家疃村舞龙灯所用的龙身长20米左右,直径60~70厘米。舞龙者由数十人组成。一人在前用绣球斗龙,其余全部举龙,表演"二龙戏珠""双龙出水""火龙腾飞""蟠龙闹海"等动作。每逢春节、元宵节、灯会、庙会及丰收年,村里都举行舞龙灯活动。

续表

序号	类别	分项	简　介
3	传统舞蹈、杂技	踩高跷	李家疃村的踩高跷一般以舞队的形式表演,舞队人数十多人至数十人不等。舞者多扮演古代神话或历史故事中的某个角色形象,服饰多模仿戏曲行头。常用道具有扇子、手绢、木棍、刀枪等。表演形式有原地表演和行进中表演;表演风格又分为"文跷"和"武跷"。"文跷"注重扭踩和情节表演,"武跷"注重炫技功夫。
4		跑旱船	跑旱船也称"荡湖船、划水船",演出形式大同小异。女子双手持竹木制作的船形道具,艄公持橹在旁做划船状,边走边舞,似行于水上,一般配有音乐伴奏。
5		抬芯子	抬芯子是利用铁质支架把装扮成各种戏剧人物的表演者固定在约 2 米高的铁杆(俗称"芯子")上,而铁杆被巧妙地遮盖在树干、藕秆、藕叶及花草当中,让人感觉表演者似腾云驾雾一般。踩芯子的表演者多为儿童,扮演的大多是古典文学作品中的知名人物,如脚踩风火轮的哪吒、牛魔王的儿子红孩儿以及肩挑花篮向人间撒花的天女。
6		赶毛驴	赶毛驴是村民喜闻乐见的民间传统游艺活动之一。该活动一代传一代,历久不衰,并不断翻新花样。"毛驴"一般是用纸、布制成,外观涂黑色。"驴脖子"吊铜铃一串,"驴头"挂红绸,再用染黑的麻丝制成驴的尾巴;下部用水裙遮掩,中间留空,然后分成前半截和后半截,绑在表演者的腰部,营造出"人骑毛驴"的形象。表演者都是一男一女 2 名表演者,女表演者两手紧握"驴缰",跑动时故意晃荡,就像骑着一头真毛驴;身后的男表演者头围白毛巾,身束红丝绸,手执长竹鞭,鞭梢处栓一撮红毛绸。赶毛驴时,男表演者一边挥舞长鞭,一边前后奔跳着,嬉逗女表演者。赶毛驴活动常常随扭秧歌一起进行。秧歌队伍在前面行走,赶毛驴队伍跟在后面表演。有时还让赶毛驴队伍先行打场子,为后续的扭秧歌等活动拓宽表演场地,渲染气氛。女演员故意让"毛驴"跑到观众前面,使得观众后退,从而扩大场地,形成一个圆场。

续表

序号	类别	分项	简 介
7	传统舞蹈、杂技	打腰鼓	打腰鼓是李家疃扮玩队伍行进中边走边舞的一种表演形式。由于在行进中表演，一般动作简单，幅度较小，多做"十字步""走路步""马步缠腰"等动作。常用的队形有"单过街""双过街""单龙摆尾"等。
8		扭秧歌	扭秧歌是李家疃村扮玩队伍中的一种常见的舞蹈表演，深受村民喜爱。扭秧歌时一般还要配上唱词，边表演边演唱。常唱的歌曲是《四季歌》《九九歌》《送情郎》等。
9	传统戏剧	五音戏	五音戏又名"秧歌腔""五人戏""肘鼓子戏""周姑子戏"，是山东地区的典型剧种，唱腔优美动听，语言生动风趣，表演朴实细腻。五音戏源于山东章丘、历城一带，传于济南、淄博、滨州、潍坊等地，其发生、发展、定型大致经历秧歌腔、五人班和五音戏三个时期。五音戏作为保留在淄博的全国独有剧种，2006年被列入第一批国家级非物质文化遗产名录（传统戏剧）。 清末、民国时期，五音戏开始在李家疃村周边地区的民间流行，没有专业剧团，一般是在休闲之时，爱好者不化妆、不配乐、随便打坐而唱，村民称之为"盘凳子"。中华人民共和国初期，村中有爱好者唱《拐磨子》《借年》《三世仇》等五音戏曲，一时间村内唱五音戏形成热潮，大人小孩都会哼唱几句。随着五音戏影响范围逐渐扩大，村内出现了一些渐有名气的艺人，由于他们使用不同地方的语言以及风俗习惯各异，因此形成了各具特点的唱腔和板式。这些人自由组合起来，在一定范围内演出，逐渐形成了各自的风格。因而，五音戏又有东、西、北三路之分。

续表

序号	类别	分项	简 介
10	传统戏剧	京剧	清末,京剧传入淄博,不久传到李家疃村,深受村民喜爱。村民一般利用冬季闲时排练,并逐渐形成子弟班。新中国成立初期,王焕元曾是子弟班班主,组织12名演员演出。一般表演《拿高登》《收关胜》等传统剧目。"文化大革命"时期,革命样板戏风行一时,李家疃组建京剧团,排演现代京剧《沙家浜》。从6个生产队挑选演员及乐队、后勤人员,剧组的服装、道具、衣箱、乐器等,全由村生产大队出资置办。京剧团主要利用农闲时加班排演。1971年大年初六到初十,京剧团先在村内演出,然后到邻村及山东生建八三厂、山东耐火材料厂、山东铝土矿、淄博矿务局岭子煤矿、驻军部队等地巡回演出。"文化大革命"结束后京剧团解散。
11		吕剧	吕剧又称"化装扬琴、琴戏",是山东最具代表性的地方剧种。村内有一支由村民自发组织的吕剧表演团——"春秋艺社"。每逢过年过节及重大节假日,表演团都在村内表演吕剧。演出的剧目多是民间生活戏,短小精悍,通俗易懂,如《小姑贤》《借年》《姊妹易家》等。
12	传统民俗	生产习俗 春播	"一年之计在于春,一日之计在于晨。""过了惊蛰节,种地不用歇。"有的农户过了正月十五就开始维修工具,运输动物粪便沤制成的肥料,以待春播。
13		耕作	"三分犁,七分耙,天旱雨涝都不怕。""三耕六耙九锄田,一季收成顶一年。""犁得深,耙得烂,一碗土,一碗面。"勤劳的家庭讲究精耕细作,深翻、细耙,勤锄,地平如镜,保肥抗旱。"麦子不怕草,就怕坷垃咬""锄头底下有水"的谚语就说明了整地的重要性。又有"冬耕深一寸,明年省车粪"之说,农户冬耕时把秸秆、杂草翻入地下沤肥,这样做能把害虫翻上来冻死。

续表

序号	类别		分项	简　介
14	传统民俗	生产习俗	选种	过去有"有钱买种、无钱买苗"之说。村民在长期的农业生产中,认识到良种对于一年的产量至关重要。过去村民家的屋檐下,挂着精心选育出来的玉米、高粱穗、谷穗等种子以备来年种植。新中国成立初,国家在农业上推行"土、肥、水、种、密、保、管、工"八字宪法,注重优良品种的推行和选育。随着科学技术的发展,国家统一研发制种并推广,逐步代替了农民自选自留种的方式。
15			播种	"清明前后,点瓜种豆。""要叫豆儿圆,种在谷雨前。""早芽发,种棉花;小满花,不归家。""立夏不种高田",是指过了立夏节气,就不能种高粱、玉米之类的高秆作物了。"六月六,半边露",指的是麦子收割后种大豆要浅种。种小麦则遵循"白露早,寒露迟,秋分种麦正适宜"的谚语。
16			间苗	"老鸹大旋窝,一步留三棵。"农历四月,高粱"开苗",株距在30厘米左右,用锄在两三寸的高粱苗四周旋开一个鸟窝大小的凹地,以蓄雨水。高粱苗遇雨水后萌发水根,支撑高粱生长。谷子开苗也叫"剜苗",一般株距在4厘米左右。
17			锄地	"麦锄三遍面满斗,谷锄八遍饿煞狗。"从清明到大暑,锄地有许多讲究,与技术、土壤干湿、作物品种和天气变化都有关系。"干锄浅,湿锄深。"前者是为了减少土壤水分蒸发,后者是为了加大土壤蒸发。"干锄谷,湿锄豆,花生绕着棵子走。"作物对锄地的时间要求不一样,干锄一遍光,湿锄八遍荒。天晴地干,杂草不易成活;天阴地湿,再遇上雨,等于未锄。

续表

序号	类别	分项		简 介
18	传统民俗	生产习俗	施肥	村民施用有机肥料历史悠久。清末、民国时期,种田靠农家肥。经过长期实践和科学实验的对比,李家疃村总结出一套比较完整的化学施肥原则和方法,即"两个为主"(以施有机肥为主,化肥为辅;基肥为主,追肥为辅),"三项改革"(明施改为暗施,散施改为集中施,一层一次施足改为多层多次施),"三个结合"(追肥与根外施肥相结合,作物与肥料相结合,单一施与混合施相结合)。同时推行普及施"犁底化肥"的先进经验,平均亩施25~50千克肥料。根据干热风的发生发展规律和小麦生长特性,普遍推广叶面喷施磷酸二氢钾、石油助长剂、草木灰水等,在小麦扬花、灌浆期喷施1~2次,对提高后期叶面的光合能力、增加小麦颗粒重量,起到了很好的作用。
19			灌溉	清末、民国时期,村域内农田多为旱地,水浇地少。农民多用小土井、轱辘头或肩挑人抬的方式取水浇田。
20			中耕	为村域内传统耕作技术。新中国成立后,传统中耕技术得以发扬并进一步改革。1983年,推广使用中耕机,农民开始摆脱笨重的体力劳动。中耕有"因苗中耕,看天锄地,先浅后深再浅"的说法,以达到细、透、平、匀、严,深浅一致,地无杂草的中耕效果。
21			收割	"九九再九九,麦子快到口。"九成开镰十成收",是指不要等到麦子完全成熟再收割,稍欠一些收割更好。"干打豆湿打谷",是指大豆收割后,应先在场里晾晒干透,再进行碾压。此时豆荚一压就开,事半功倍;而谷子收割后应直接碾压,这样做谷粒就容易从第一层老皮中脱落。

续表

序号	类别		分项	简 介
22	传统民俗	生活习俗	衣着	李家疃村民对衣服的穿着与搭配比较讲究,把穿着当作门面,更当作一种礼仪。衣服不论破旧与否,都要洗得干净、补得齐整。有的村民喜欢趋新赶时。民国初期,有女性穿旗袍;民国后半期,村内有年轻女性开始穿花细布衣服,时称"花洋布"。新中国成立后,村里有男青年开始穿中山装、国防服、学生服,多数人仍沿用对襟褂、袄;有女青年穿列宁服,多数人仍沿用掩襟式、对襟式上衣。下衣改为制服裤,男子前开口,女子右开口。
23			饮食	20世纪60年代前,农闲时村民一日两餐,农忙时一日三餐,多以高粱、大豆、玉米、谷子为主粮,主食为煎饼、窝头。60年代至70年代初,村民多以地瓜干粉、玉米面摊煎饼。实行家庭联产承包责任制后,小麦成为村民的主粮,主食是馒头,副食有各种素菜及鸡、鱼、肉、蛋、奶等。
24			炊具	旧时,李家疃村村民的炊具以铁锅为主。20世纪六七十年代后,搪瓷、塑料制品增多。90年代后,液化气灶、抽油烟机、高压锅、电饭锅、电水壶等炊事用具基本普及。
25			住房	李家疃村民对建房和买房相当重视。旧时,要请风水先生"相宅子",宅基要方正,忌梯形和刀把,避南高北低等。好的房基地要交通便利,出进方便,通风、排水、采光良好,还要符合"负阴抱阳"的格局。朝向也要根据地形、地貌、街道胡同走势而定向阴或阳。中华人民共和国成立后,由村里安置宅基地,讲究道路、排水等配套设施的安排。 建房要择吉时。建房材料一般为榆木梁、杉木檩、杉木椽条,过木一般为石头、枣木、柏木。上梁要选时辰,多为上午10时左右,并用红纸写上"上梁大吉""擎天白玉柱""架海紫金梁""安门大吉""安窗大吉"等吉语。 堂屋为正房,家中长辈居住。儿孙住厢房。凡是晚辈结婚,其新房均设在厢房或南屋。乔迁新居,也是长辈居先,长幼有别。

续表

序号	类别	分项	简　介
26	生活习俗	出行	旧时村民经商、入仕、求学者较多,一些出行的习俗至今仍在沿用。如"待要走,三六九",指的是出行的日子一般选在农历初三、初六、初九,忌初一、十五。一般人家方圆几十里赶集、走亲串友多为骑驴、骡、马。妇女则雇"赶脚的"小推车、小土车。新中国成立后,有人开始骑自行车。1993 年,村民购买 4 辆"夏利"牌汽车。至 2016 年年底,村民共有轿车 160 辆。
27	传统民俗	婚姻习俗	李家疃的婚姻习俗基本延续了纳采、问名、纳吉、纳征、请期和迎亲的传统习俗。纳采是指男方家请媒人到女方家提亲,若女方家同意,便由媒人携带礼物正式求婚。问名是指男方家询问女方名字及生辰八字。纳吉是指男方家到祖庙占卜婚姻吉凶,若占得吉,则通告女方家,并送彩礼,缔结婚约。纳征是指男方家向女方家送聘礼,双方的婚姻关系正式确立。请期是指男方家择定婚期,派人告知女方家,征求女方家意见。迎亲是指新郎前往女方家迎娶新娘。至 20 世纪 50 年代,结婚迎亲多用胶轮马车或自行车。嫁妆只有装衣物的箱柜和几套衣服、被褥。
28		祈子	婚礼习俗中,枣、栗子、花生、桂圆等被广泛使用,象征"早生贵子""儿女双全"。年节期间,新人的房间被装饰得充满了喜庆的气氛,窗花是石榴、葫芦等图案,年画则是麒麟送子、连生贵子等内容。
29		生育习俗 送米	婴儿降生,俗称"添喜",又称"落草""添了"。添喜之后,要派专人到娘家报喜。亲友从第 6 天开始,陆续"送米"。"送米"起初是指给产妇送小米,后来送的多为鸡蛋、挂面、小米、红糖、麻花、油条等。婴儿降生后的第 12 天,姥姥、姨家要送鸡蛋,鸡蛋数量为产妇年龄加 2 个;有的要送 100 个,取长命百岁之意。主家则答谢红鸡蛋,生男送单数,生女送双数,数目不限,有的则取十,寓意十全十美。当天,主家一般要举办答谢宴会,宴请亲朋好友。

续表

序号	类别	分项	简　介
30	传统民俗	生育习俗	婴儿降生一个月,称为"满月"。产妇结束坐月子,解除相关禁忌,要举行庆贺,亲朋好友前来祝贺母子平安,送来点心、衣帽等贺礼,叫"做满月"或者"过满月"。满月之日,要给婴儿理发,俗称"铰头"。铰头一般选在上午,铰头时有的是前铰七后铰八,有的在头上前后剪三下。一边剪一边说:"一铰金,二铰银,三铰骡马一大群。"有的还说:"七铰玲珑八铰乖,二十四条铰秀才。"同时象征性地在婴儿的耳、目、口、鼻以及手脚处铰几下,说:"铰铰耳朵不听坏话,铰铰嘴巴不骂人家,铰铰脚不踢人,铰铰手不抓人。"意思是孩子长大后耳聪目明嘴不馋,手脚干净做"完人"。铰下的婴儿毛发,让它随风飘走,取"毛毛随风走,活到九十九"之意。小孩满月后,要送产妇回娘家住几日,叫"住满月"。
31			婴儿降生百日,称为"过百岁""过百日"。当日,亲友送礼祝贺,贺礼多为小孩衣服或布料,取"姑送裤,姨送袄,舅舅的帽子戴到老"之意。过百日时,旧时最有特色的礼物是百家衣和长命锁。百家衣是用各色碎布头连缀而成的衣服。穿百家衣,意为集百家福气,一求长寿,二求百福。长命锁是用银子打造的锁形饰物,上有"长命百岁""长命富贵"等字样,用银丝挂在小孩脖子上,垂于胸前。小孩过周岁生日时要设宴庆贺,并举行抓周仪式。大人预先在桌上摆放印章、经书、笔墨纸砚、算盘、钱币、账册、首饰、花朵、胭脂、食物、玩具等,若是女孩,则加摆炊具、剪刀、绣花等,大人将小孩抱来,令其端坐,不予任何诱导,任其挑选,视其先抓何物,以此测卜其志趣、前途及未来职业。

行项注: 第31行分项栏标注为"过百岁、抓周"

续表

序号	类别	分项	简 介
32	传统民俗	节日习俗	春节即正月初一。当天人们早起,穿新衣、戴新帽,晚辈给长辈拜年,长辈给晚辈发压岁钱。后祭供天地、神灵、祖先,全家一起吃水饺。天亮,年轻人成伙结队到家族和乡亲家中拜年。大街小巷中拜年的人络绎不绝,相逢拱手说"过年好"等吉利语和问候语相互祝福。改革开放后,人们除沿袭传统的拜年方式外,又先后兴起了电话拜年、手机短信拜年、微信拜年和网络拜年等。
33			圆年即正月初三,表示已经过完大年。当天早上全家一起吃水饺,村内风俗认为在这天要燃放鞭炮、焚烧纸香送天爷爷上天。
34			五末日即正月初五,又称"五马日"。初一到初五期间,村内有妇女不动剪子、针线,五行八作不开业、初五当天不走亲串门等禁忌。过了初五,便不再受禁忌的约束,故称"破五"。当天,烧香纸、放鞭炮,以敬神祖,全家一起吃水饺。
35			打春即二十四节气的第一个节气立春。当天全家人要吃萝卜,叫咬春,村民中有"不咬春就会睡不醒"的说法。
36			人七日即正月初七,又叫"人性日"。旧俗认为当天是天爷爷为人类安排的节日。
37			元宵节即正月十五,又称"上元节""元夜""灯节"。旧时李家疃村有杂耍、扮玩的习俗,包括抬芯子、踩高跷、舞龙灯、舞狮、跑旱船、打腰鼓等活动。
38			雨节即农历五月十三日,是关云长单刀赴会之日。因气候所致,常有雷雨之应,故称"雨节"。旧时若遇天旱,村民在当天祈雨,并到关帝庙上供。

续表

序号	类别		分项	简　介
40	传统民俗	节日习俗	天贶节	天贶节即农历六月初六。当天民间有吃炒面的习俗,即用新收的小麦炒熟磨成粉,加糖拌匀捏成团后食用。在当天也有暴晒衣服、被褥、书籍的习俗,据传上述物件在当天经暴晒后不会生虫。
41			中秋节	中秋节即农历八月十五日。因为恰值三秋之半而得名。当天,全家团聚,中午吃水饺,夜晚摆酒宴,吃月饼和瓜果赏月。
42			重阳节	重阳节即农历九月初九。旧时有当天饮菊花酒、吃花糕、插茱萸、赏菊的风俗。现在多已淡化。1989 年国家将此日定为中国老年节后,村集体每年都开展敬老活动。
43			十月朔	十月朔即农历十月初一。当天村民上坟祭祖,表达为先人送寒衣之意。
44			小年	小年即农历腊月二十三日,俗称辞灶节。传说当天灶王爷升天,将一家功过向玉帝禀报。人们为祈求灶王爷上天言好事、下界降吉祥,首先供奉糖瓜粘给灶王爷,以让其只说好话不说坏话。然后将灶王爷像、纸钱烧掉,以示送灶王爷上天。此习俗到 20 世纪 60 年代渐废,但扫舍过小年的习俗延续至今。
45			除夕	除夕当天全家人除旧迎新、上坟祭祖、供奉天爷爷,贴对联、打扫卫生。傍晚时,家家户户在屋内或院中点上蜡烛或油灯,在大门外照庭。放烟火、鞭炮后不再出门,全家聚餐吃水饺。许多人通宵不眠,叫"守岁"。

【图版】

一、沿街立面整治效果图

李家疃酒店胡同东立面效果图

李家疃酒店胡同西立面效果图

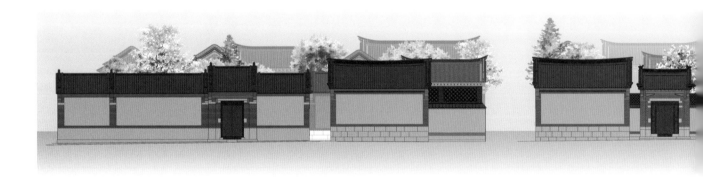

李家疃西门街北立面效果图

李家疃西门街南立面效果图

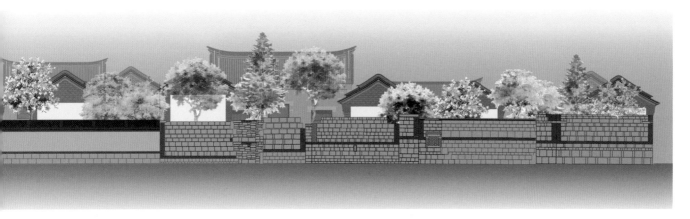

李家疃南北大街东立面效果图

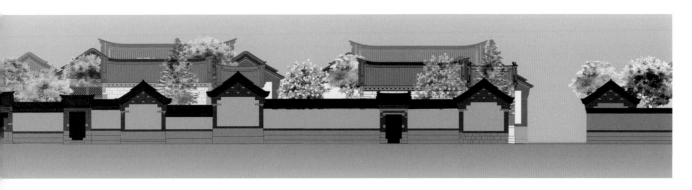

李家疃南北大街西立面效果图

李家疃牌坊街北立面效果图

李家疃牌坊街南立面效果图

二、建筑立面实施效果对比

怀隐园大门修缮前

怀隐园大门修缮后

208

淑娴门大门修缮前

淑娴门大门修缮后

淑傅门一进院院门修缮前

淑傅门一进院院门修缮后

淑伩门一进院正房修缮前

淑伩门一进院正房修缮后

淑俐门一进院西厢房修缮前

淑俐门一进院西厢房修缮后

淑俶门二进院穿堂修缮前

淑俶门二进院穿堂修缮后

淑俐门三进院东厢房修缮前

淑俐门三进院东厢房修缮后

淑俐门三进院西厢房修缮前

淑俐门三进院西厢房修缮后

淑佺门大门修缮前　　　　　　　　　　淑佺门大门修缮后

淑仁门倒座修缮前

淑仁门倒座修缮后

淑仁门东厢房修缮前

淑仁门东厢房修缮后

淑仁门西厢房修缮前

淑仁门西厢房修缮后

淑仁门二门修缮前

淑仁门二门修缮后

淑仕门大门修缮前   淑仕门大门修缮后

淑仕门正房修缮前

淑仕门正房修缮后

淑仕门东厢房修缮前

淑仕门东厢房修缮后

淑仕门随墙门修缮前

淑仕门随墙门修缮后

224

淑信门大门修缮前 淑信门大门修缮后

淑信门西厢房修缮前

淑信门西厢房修缮后

夙纲府外院门修缮前

夙纲府外院门修缮后

夙纲府一进院正房修缮前

夙纲府一进院正房修缮后

夙纲府二进院正房修缮前

夙纲府二进院正房修缮后

夙纲府二进院南房修缮前

夙纲府二进院南房修缮后

夙纲府三进院正房修缮前

夙纲府三进院正房修缮后

悦德门大门修缮前

悦德门大门修缮后

悦溪门大门修缮前

悦溪门大门修缮后

悦循门西厢房修缮前

悦循门西厢房修缮后

悦循门二进院院门修缮前

悦循门二进院院门修缮后

悦循门二进院东厢房修缮前

悦循门二进院东厢房修缮后

三、图纸汇总

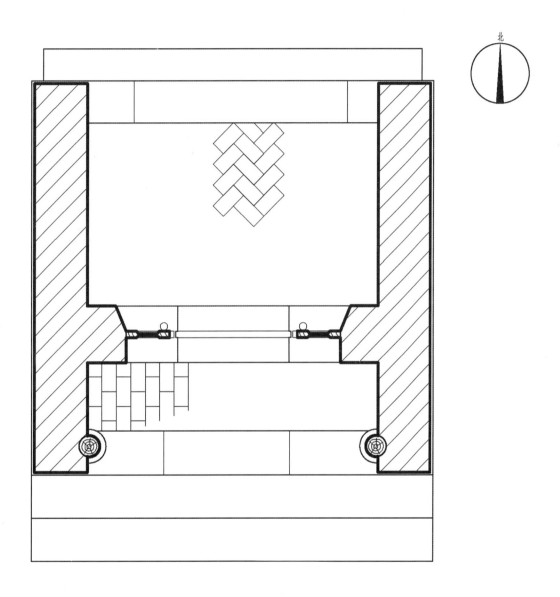

北

0　40　80　120cm

悦循门大门平面图

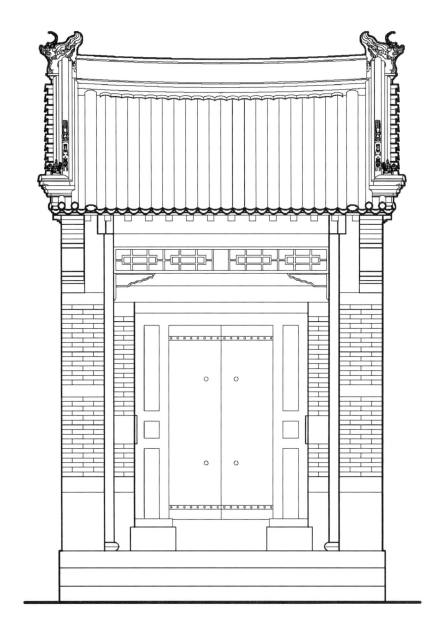

悦循门大门南立面图

0　　40　　80　　120cm

悦循门大门东立面图

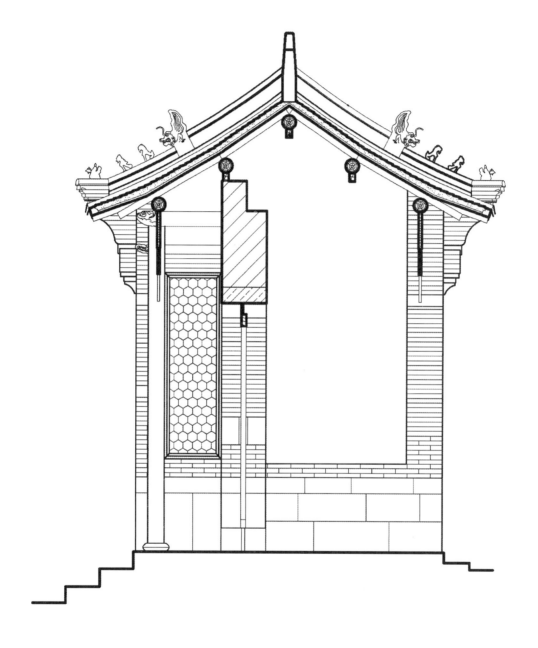

0   45   90   135 cm

悦循门大门剖面图

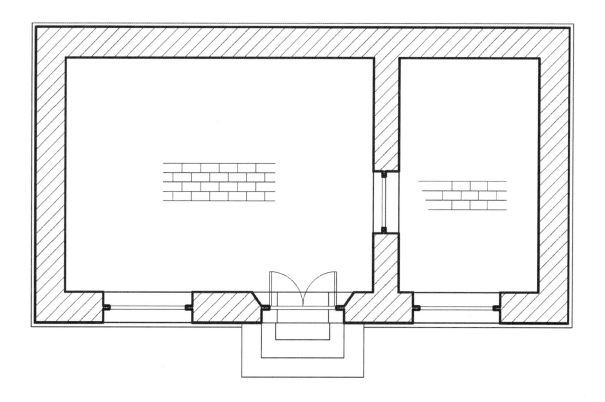

悦循门二进院东厢房平面图

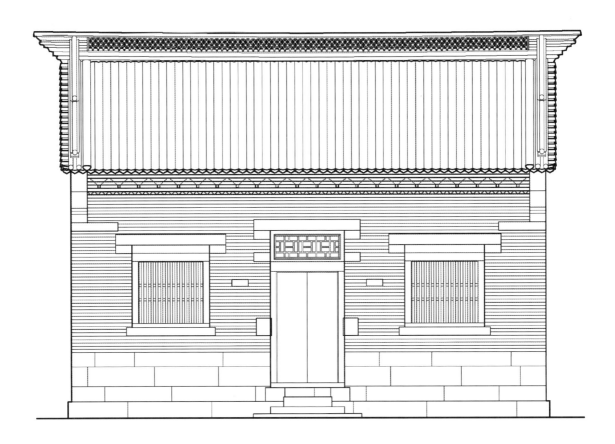

悦循门二进院东厢房西立面图

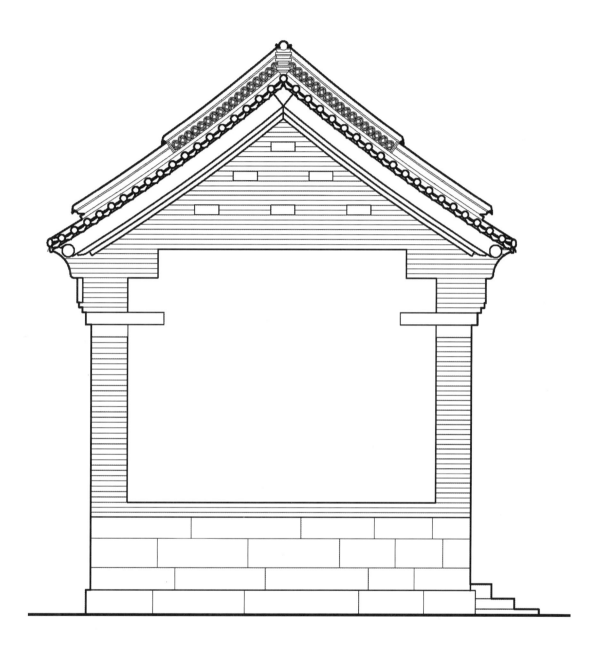

悦循门二进院东厢房北立面图

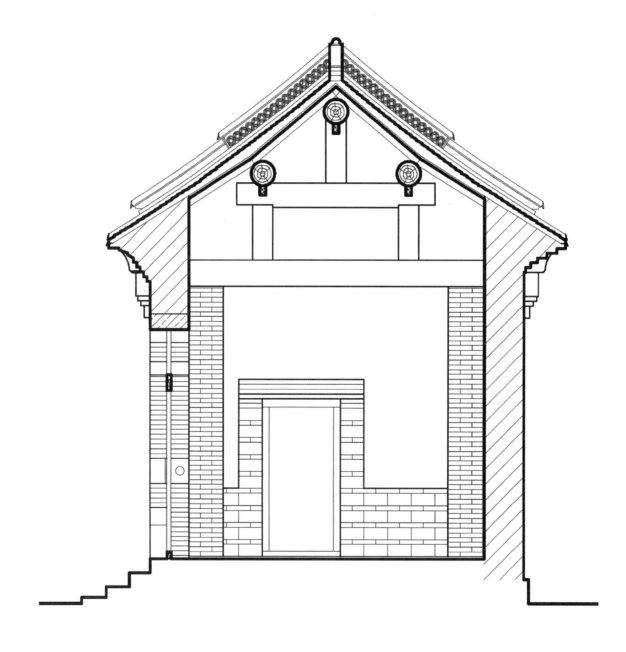

悦循门二进院东厢房剖面图

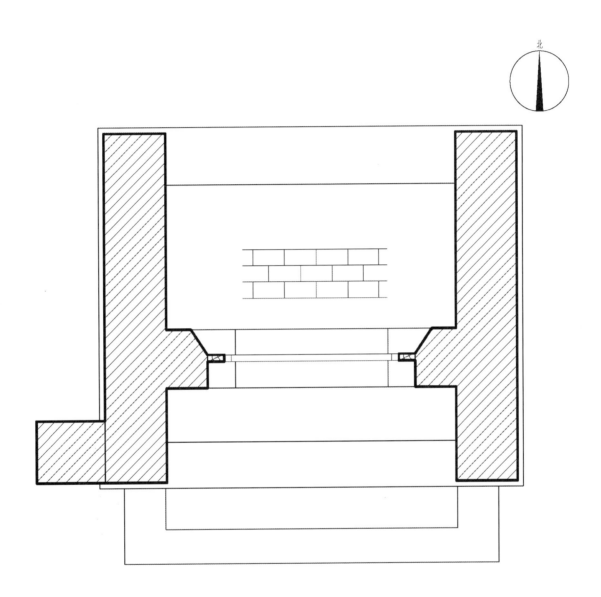

北

0　　30　　60　　90cm

淑俐门大门平面图

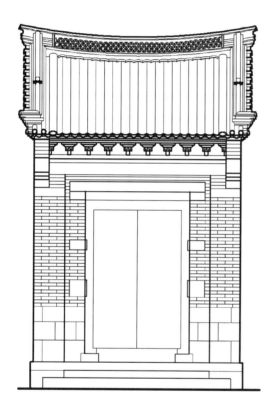
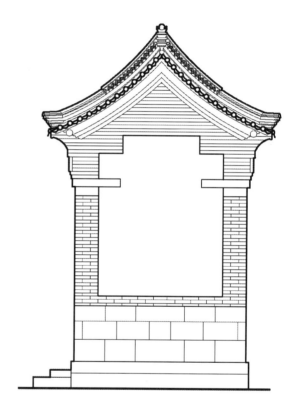

淑俔门大门南立面、东立面图

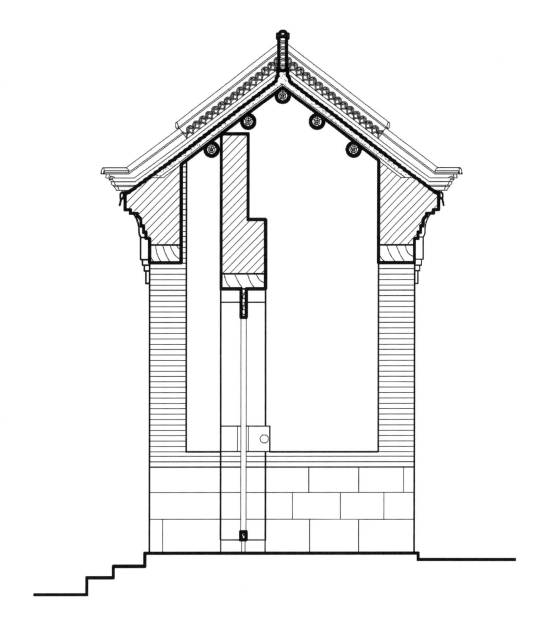

淑俐门大门剖面图

0　　40　　80　　120cm

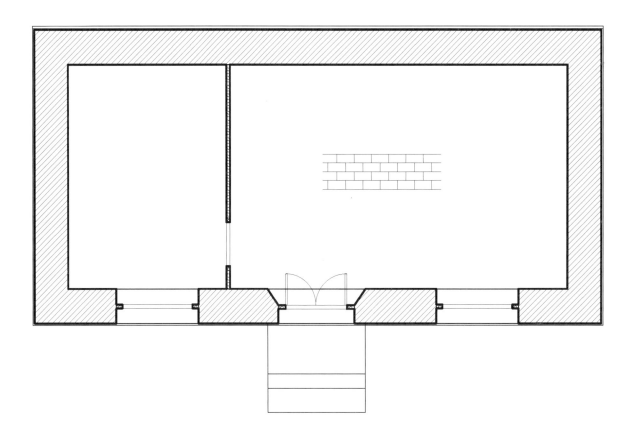

淑倜门一进院倒座平面图

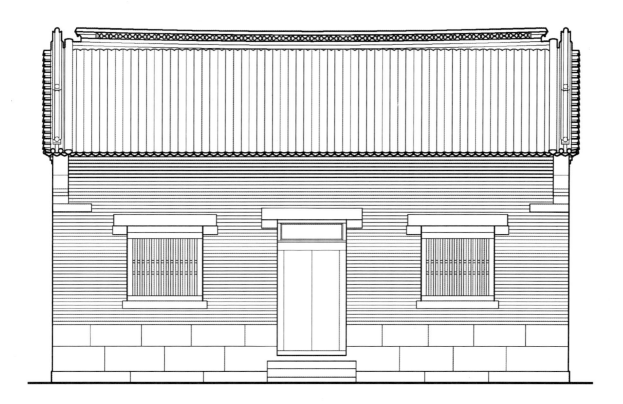

淑伨门一进院倒座北立面图

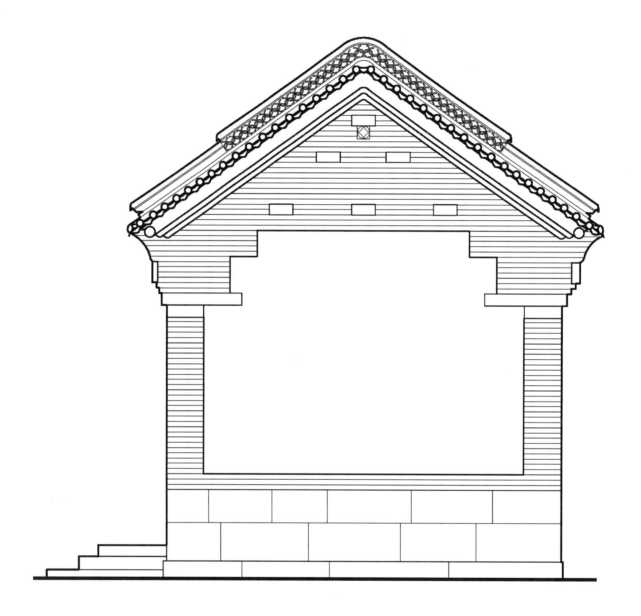

淑俐门一进院倒座西立面图

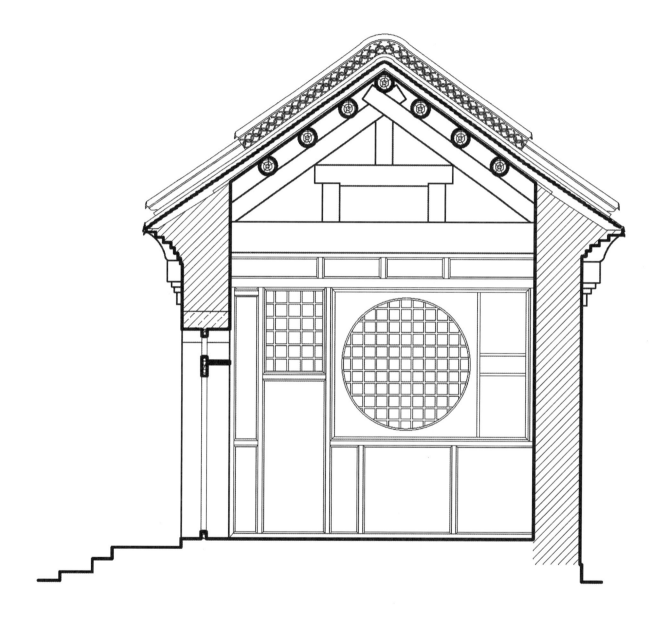

淑俐门一进院倒座剖面图

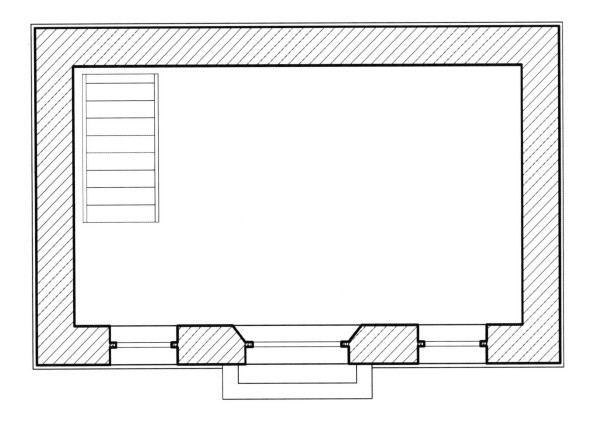

夙纲府二进院正房一层平面图

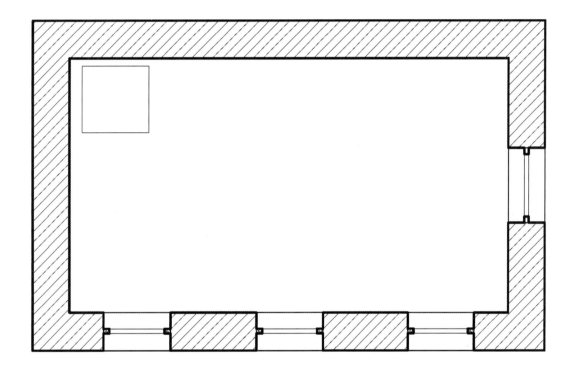

夙纲府二进院正房二层平面图

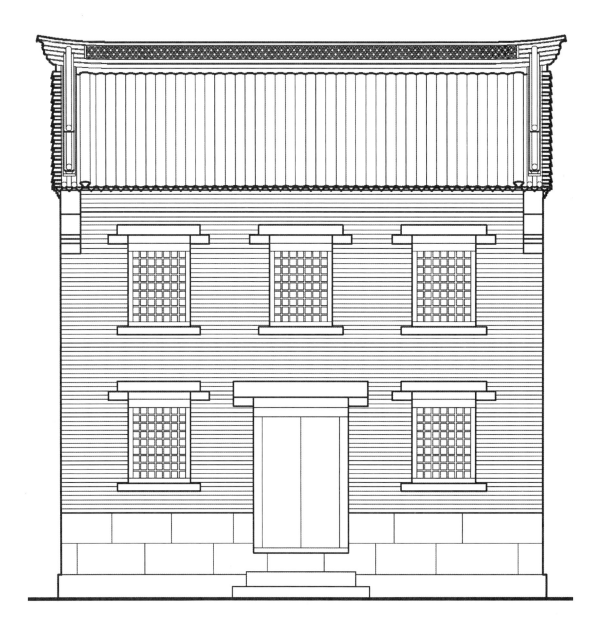

夙纲府二进院正房南立面图

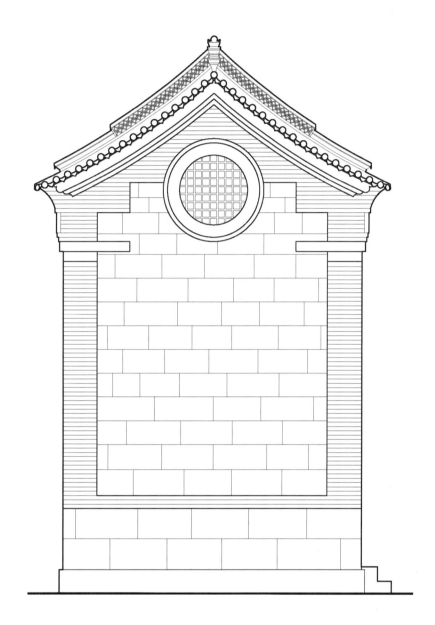

0   50   100 150cm

夙纲府二进院正房西立面图

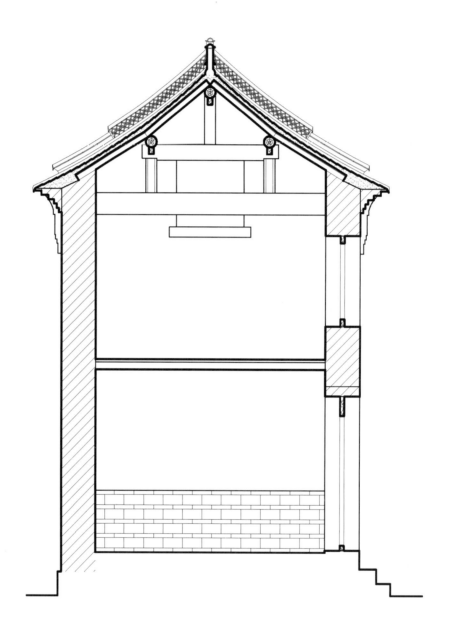

0   50   100   150cm

夙纲府二进院正房剖面图

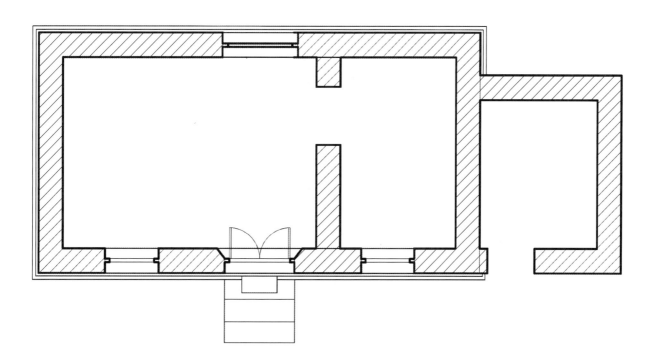

解元府南房平面图

0　　60　　120　　180cm

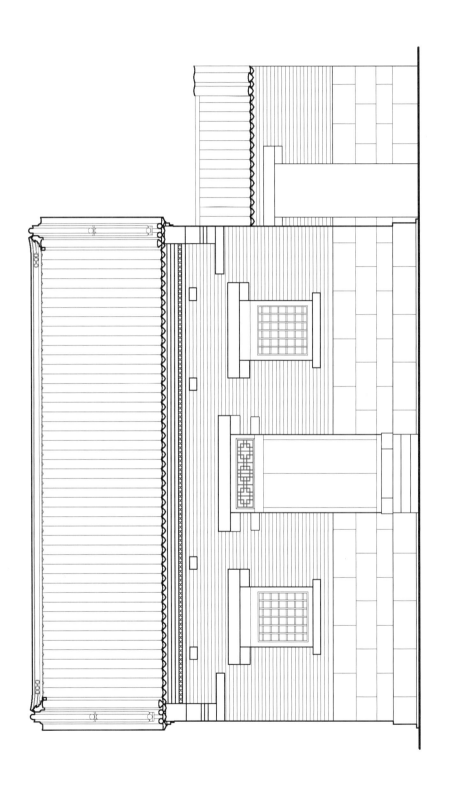

解元府南房北立面图

解元府南房南立面图

259

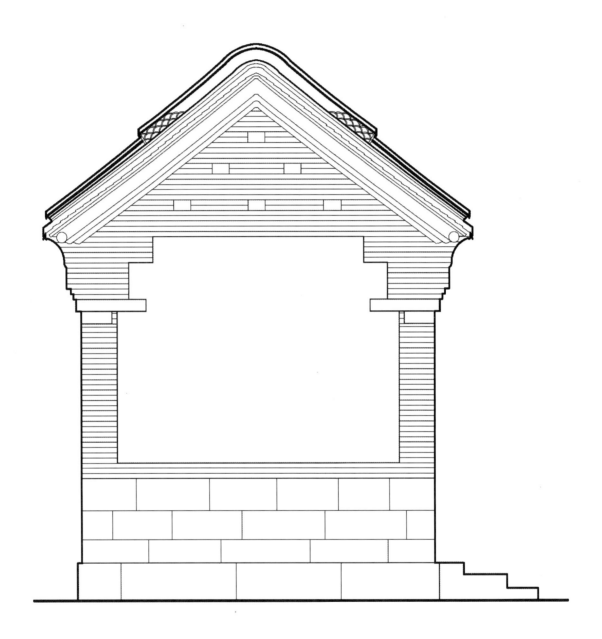

0   45   90   135cm

解元府南房东立面图

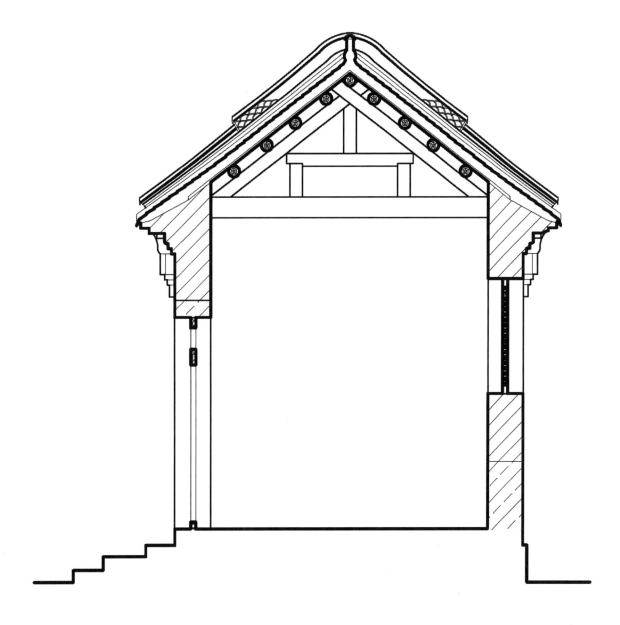

0   45   90   135cm

解元府南房剖面图

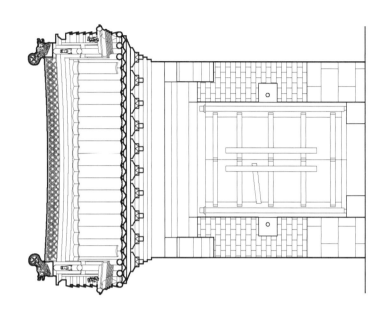

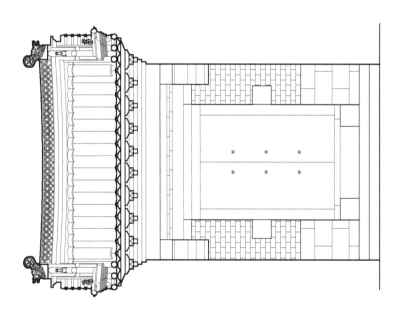
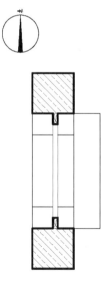

昆齡宅大門平面、正立面、背立面圖

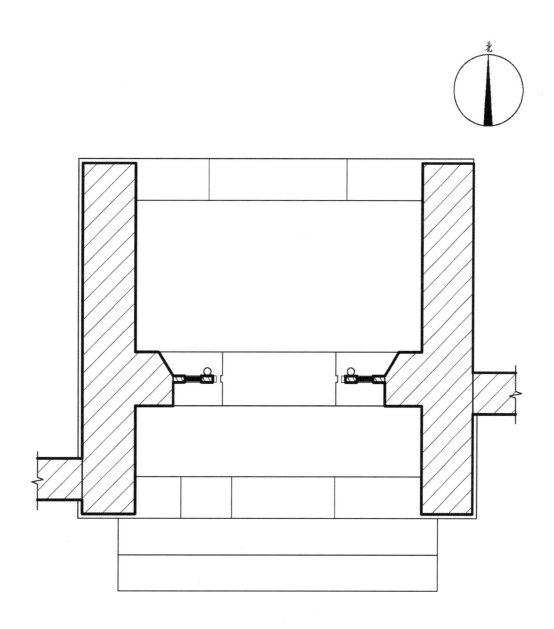

北

0　40　80　120cm

淑仕门大门平面图

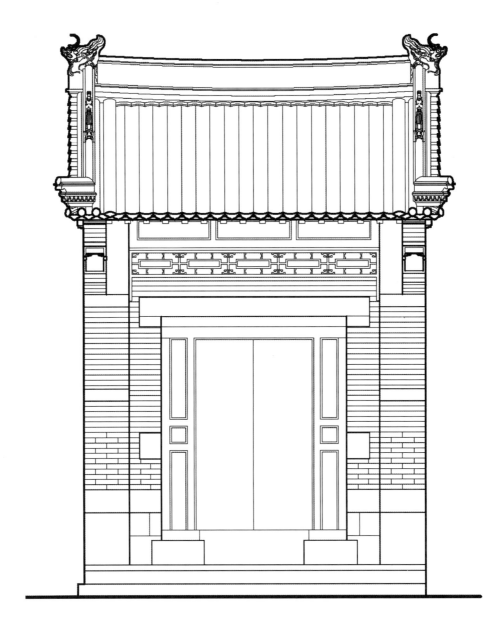

淑仕门大门南立面图

0　45　90　135cm

淑仕门大门东立面图

0   45   90   135cm

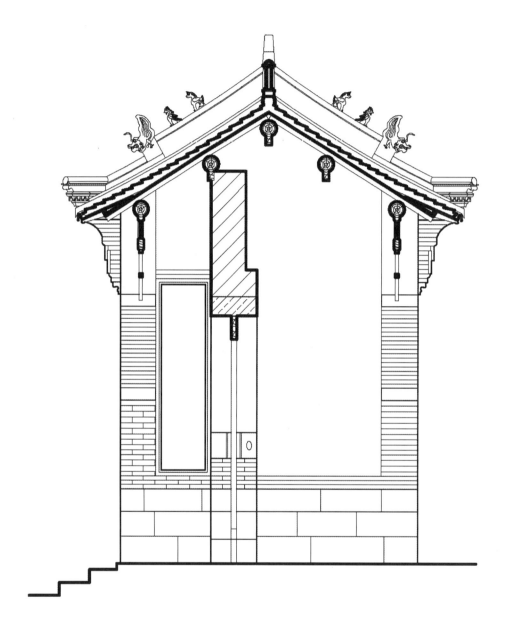

0　　45　　90　　135cm

淑仕门大门剖面图

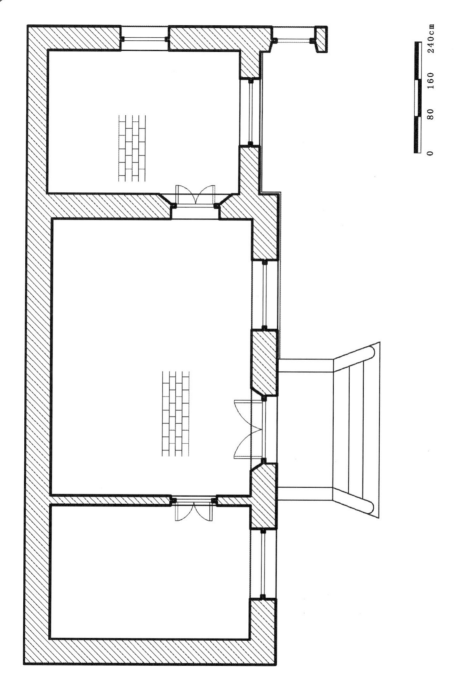

淑仕门正房及耳房平面图

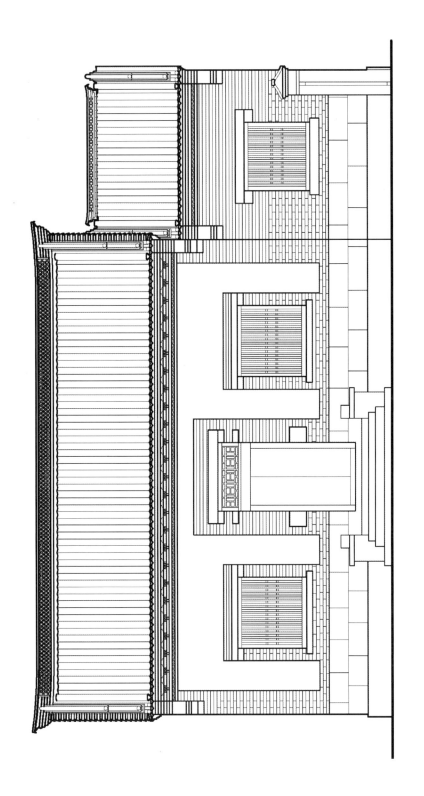

淑仕门正房及耳房南立面图

0　80　160　240cm

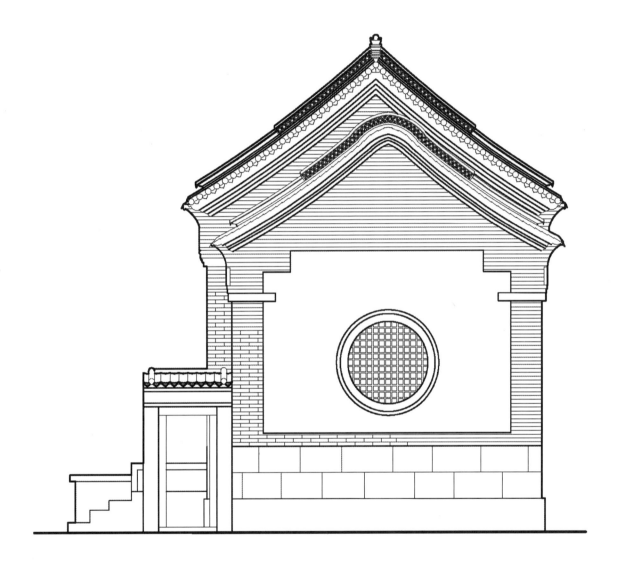

淑仕门正房及耳房东立面图

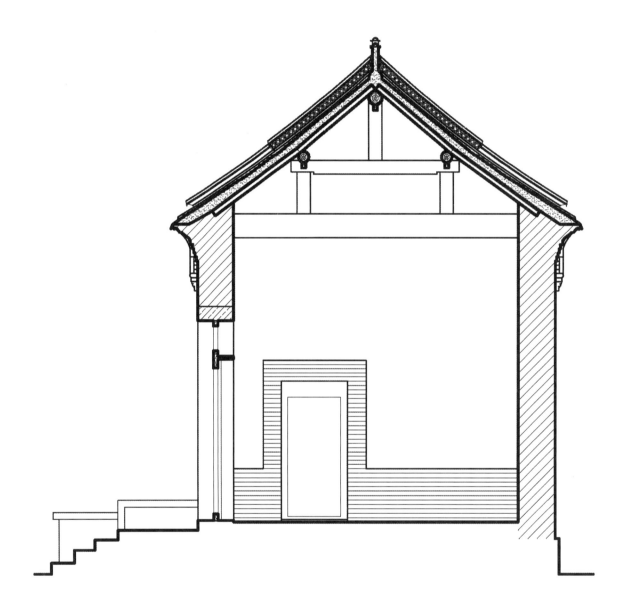

0   55   110   165cm

淑仕门正房剖面图

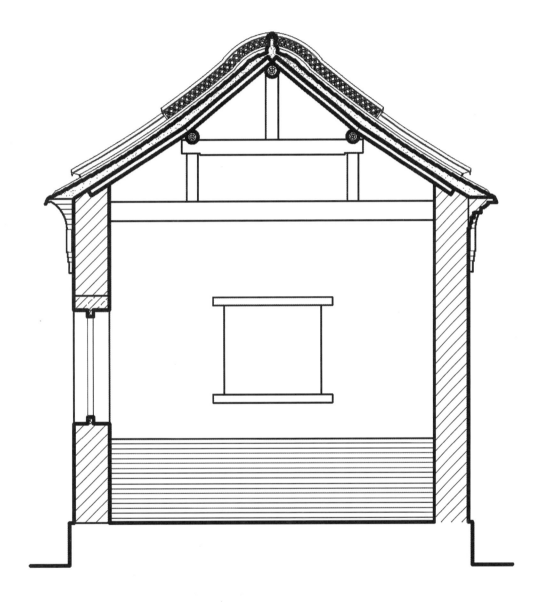

淑仕门正房耳房剖面图

0　　45　　90　　135cm

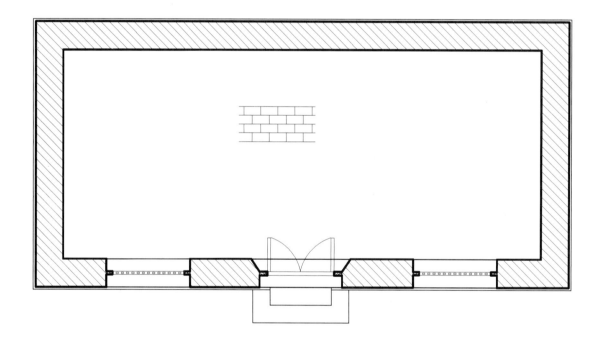

淑仕门东厢房平面图

0　　60　　120　　180cm

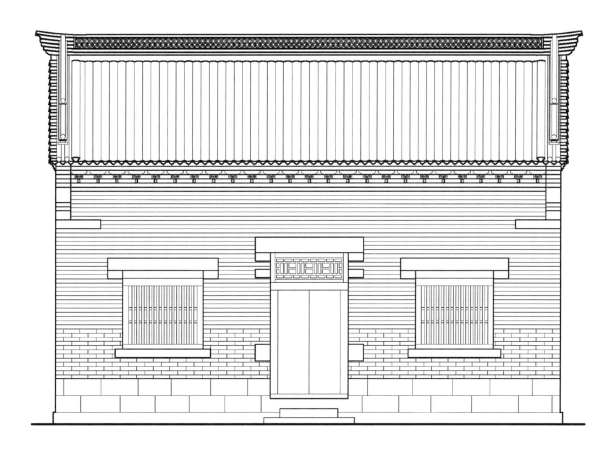

淑仕门东厢房东立面图

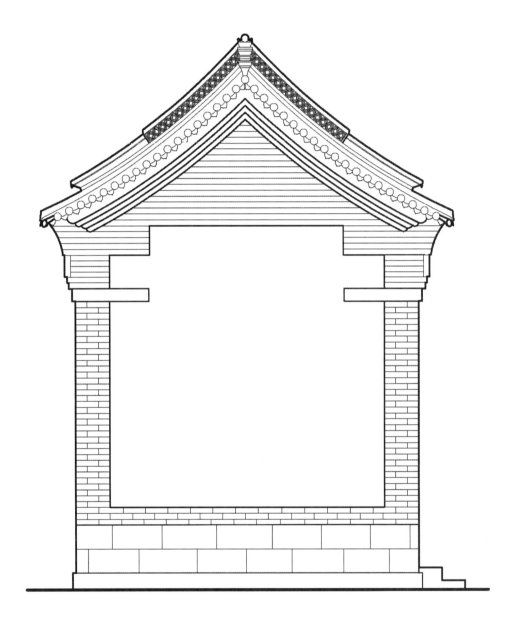

淑仕门东厢房南立面图

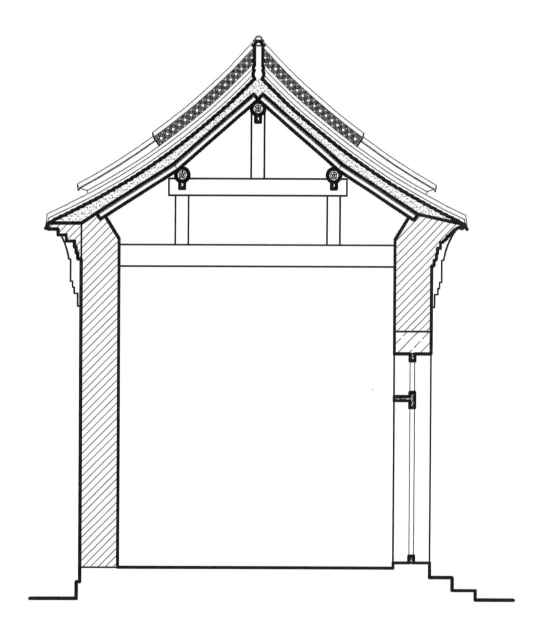

0　　40　　80　　120cm

淑仕门东厢房剖面图

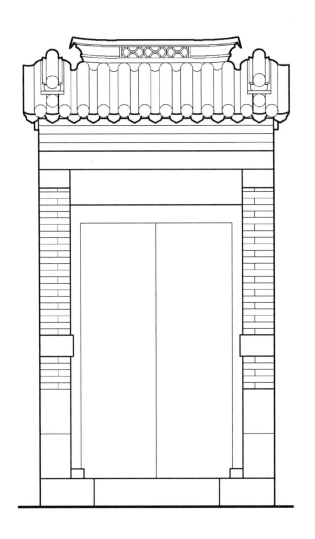

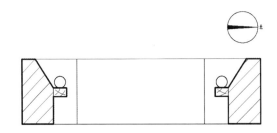

淑仕门二进院院门平面、东立面图

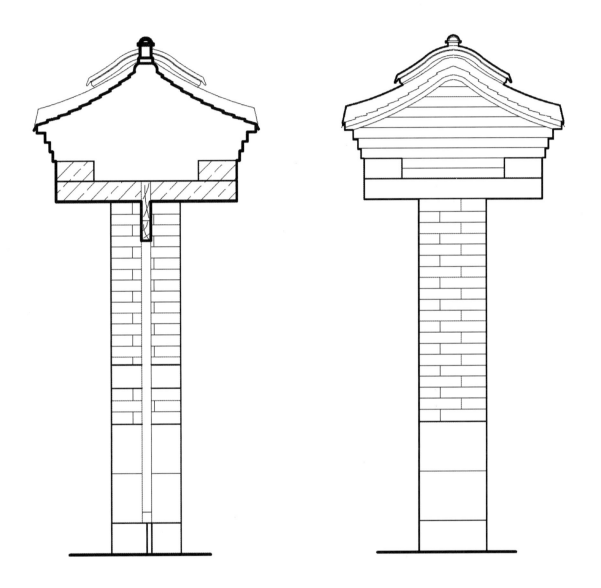

0　25　50　75cm

淑仕门二进院院门剖面、南立面图

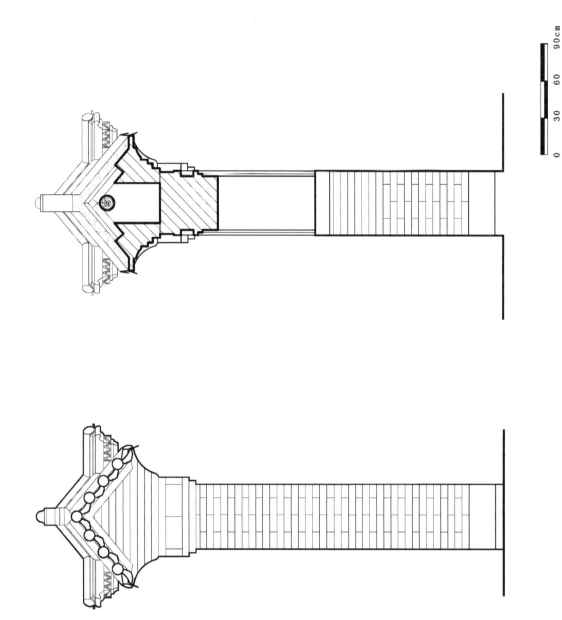

淑仕门随墙门西立面、剖面图

278

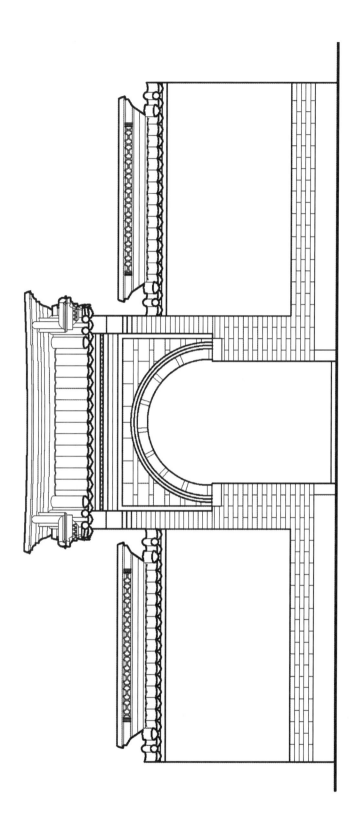

淑仕门随墙门南立面图

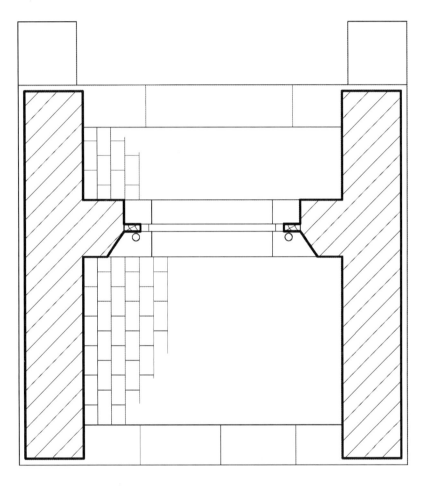

淑仁门大门平面图

0　　35　　70　　105cm

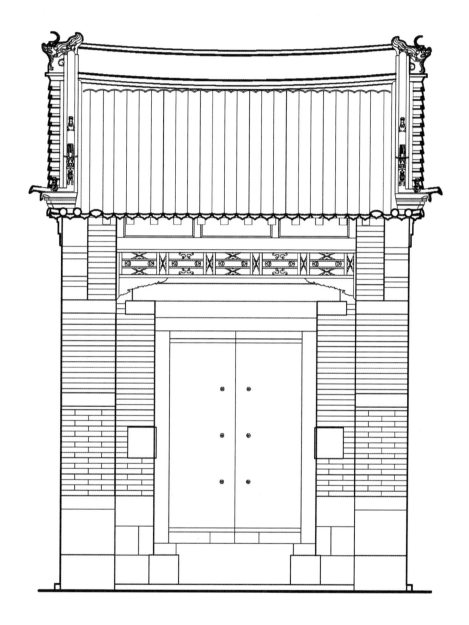

淑仁门大门北立面图

0   35   70   105cm

淑仁门大门西立面图

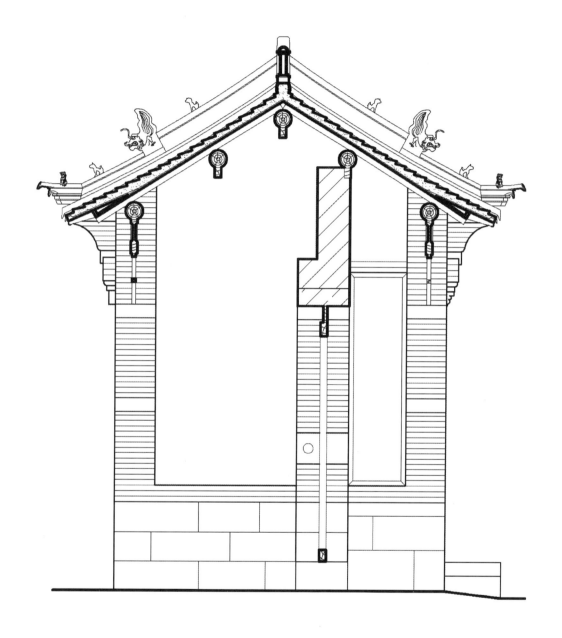

0 35 70 105cm

淑仁门大门剖面图

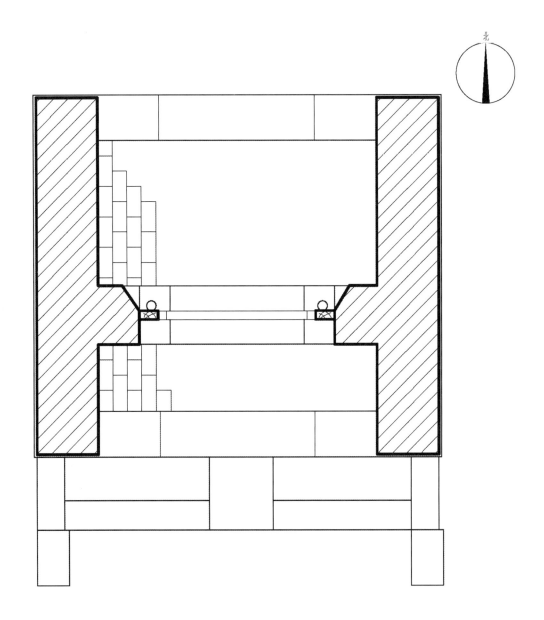

淑伫门大门平面图

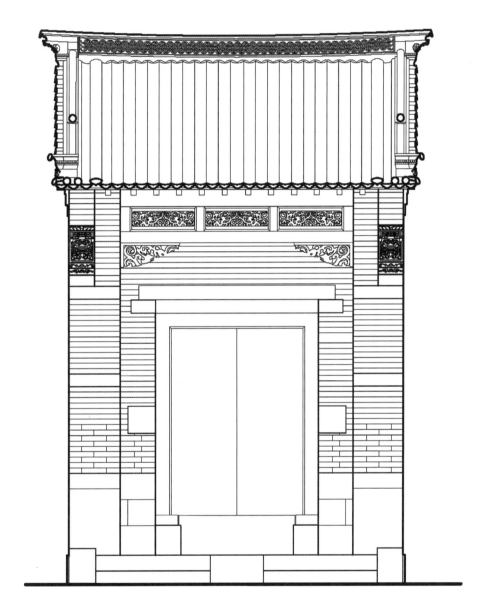

淑佺门大门南立面图

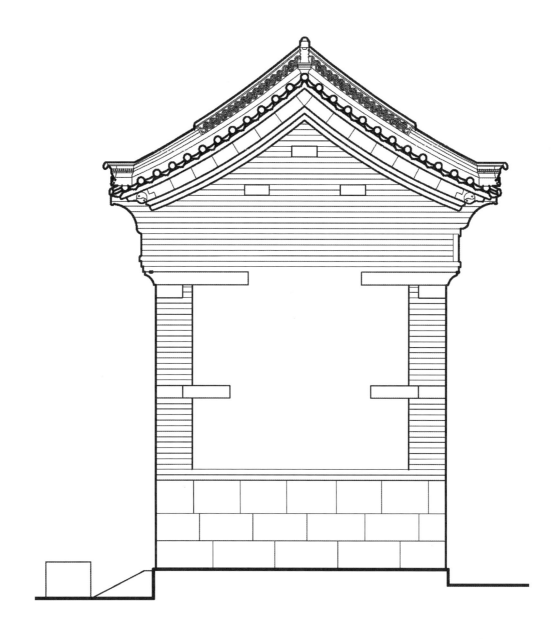

淑伫门大门东立面图

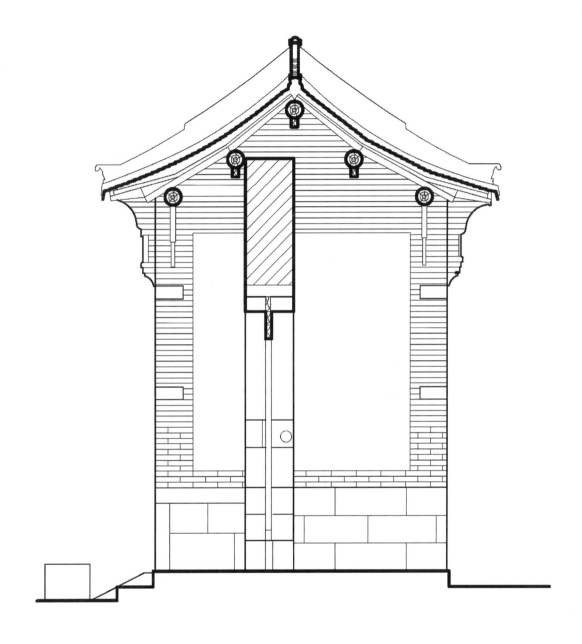

淑伕门大门剖面图

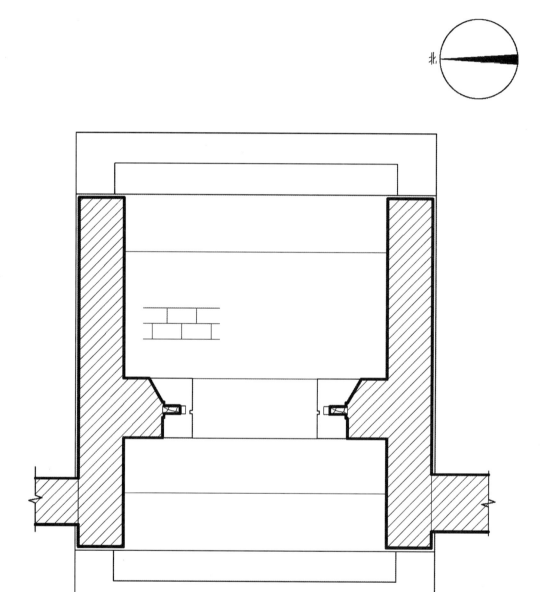

北

0　　35　　70　　105cm

淑信门大门平面图

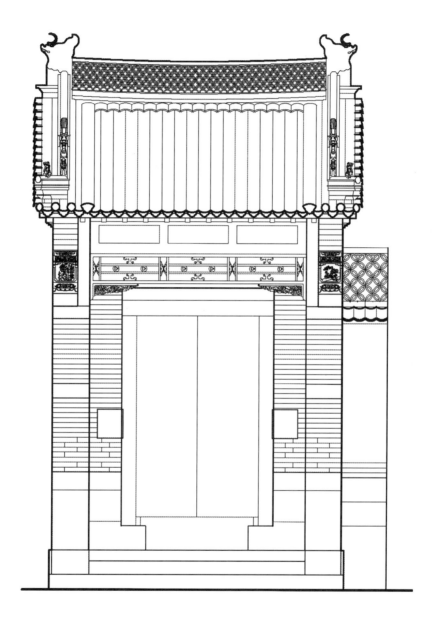

淑信门大门西立面图

0   40   80   120cm

0　　40　　80　　120cm

淑信门大门北立面图

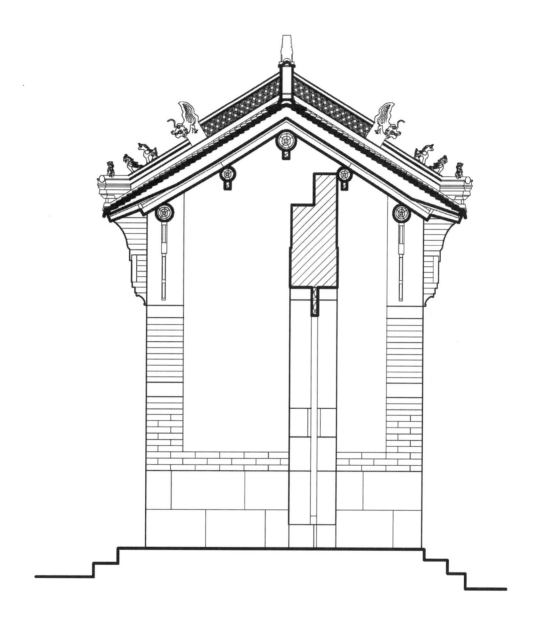

淑信门大门剖面图

0　　40　　80　　120cm

291

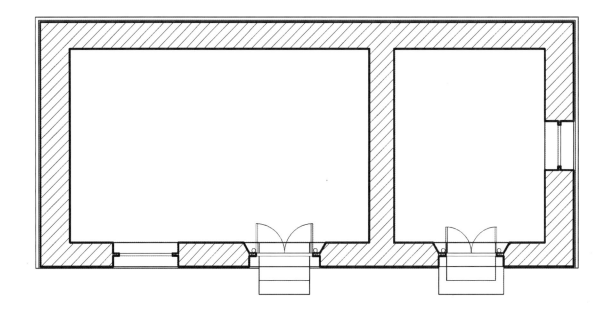

淑信门倒座平面图

0   70   140   210cm

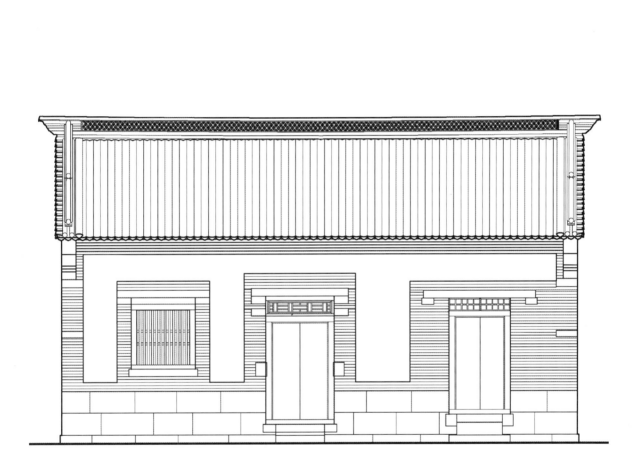

0   70   140   210cm

淑信门倒座东立面图

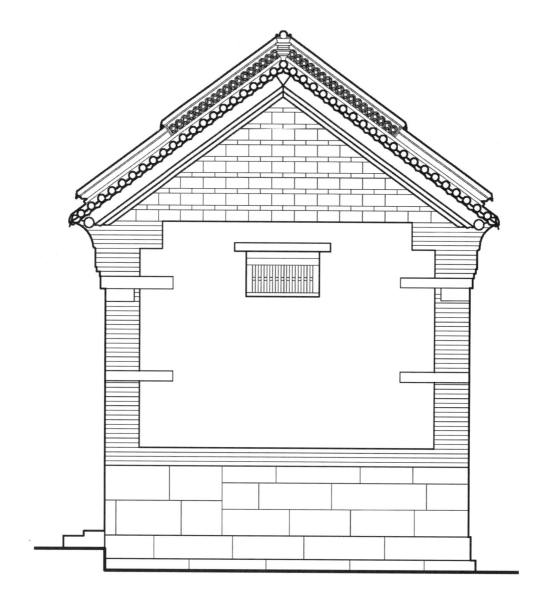

0　　40　　80　　120cm

淑信门倒座北立面图

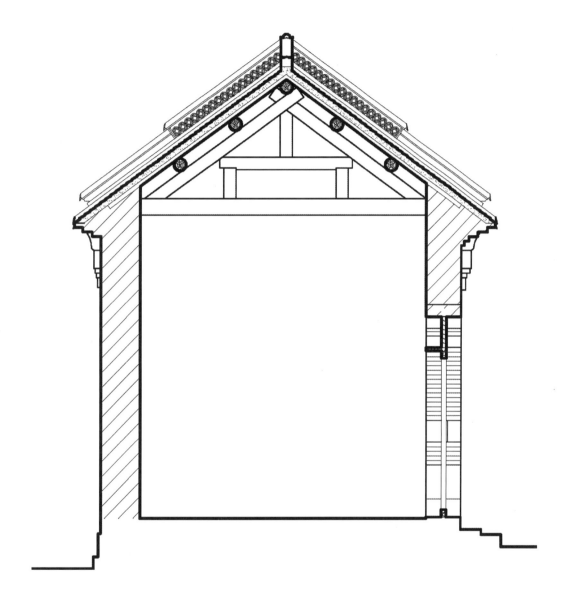

0   40   80   120cm

淑信门倒座剖面图

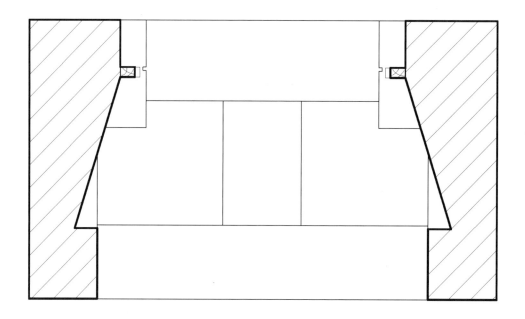

淑信门东跨院院门平面图

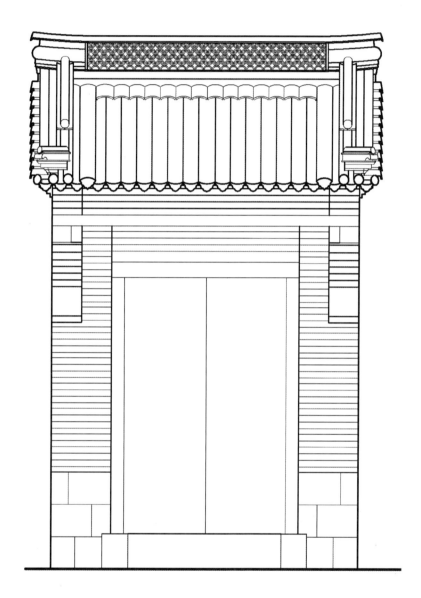

0　　35　　70　　105cm

淑信门东跨院院门东立面图

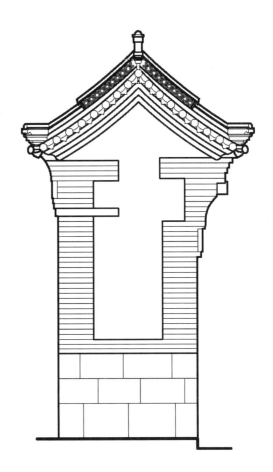

淑信门东跨院院门剖面、南立面图

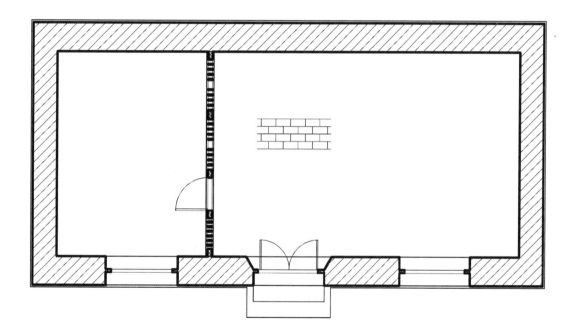

淑信门东跨院倒座平面图

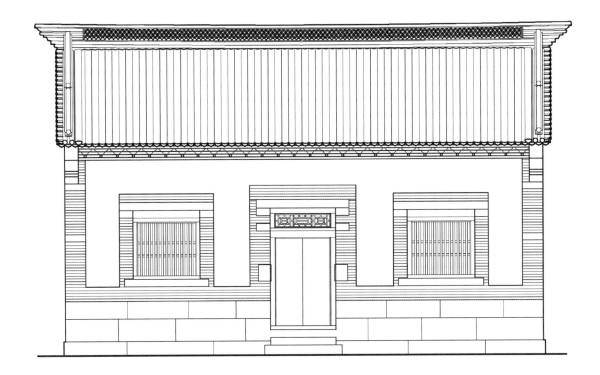

0　　80　　160　　240cm

淑信门东跨院倒座东立面图

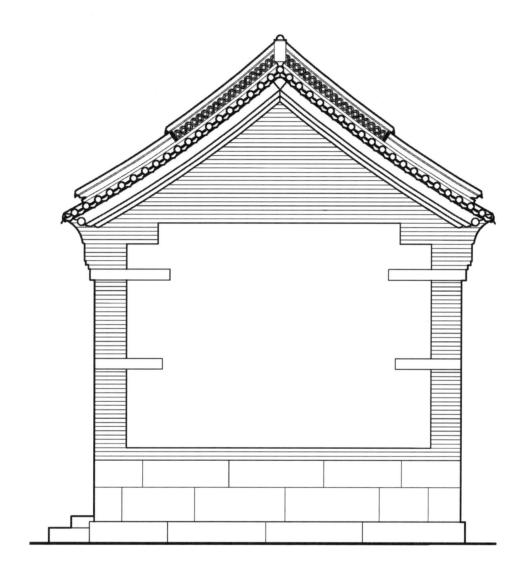

淑信门东跨院倒座北立面图

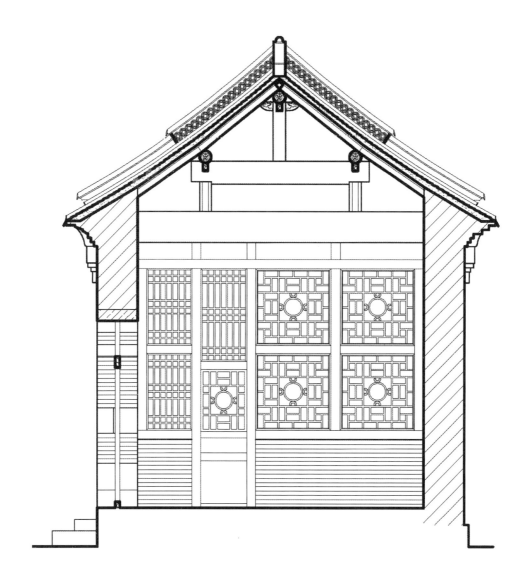

淑信门东跨院倒座剖面图

0　　50　　100　　150cm

淑信门东跨院南厢房及耳房平面图

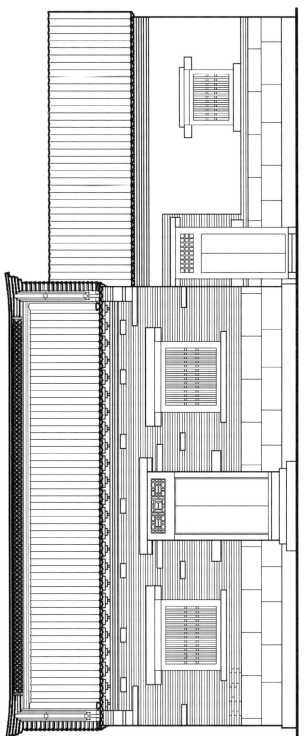

淑信门东东跨院南厢房及耳房北立面图

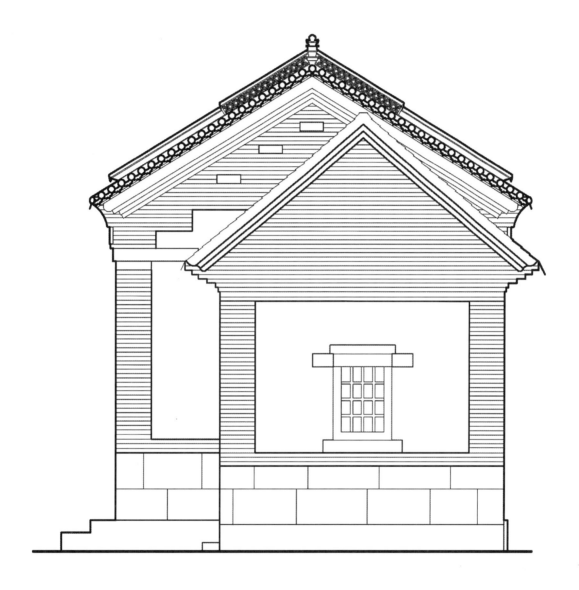

淑信门东跨院南厢房及耳房西立面图

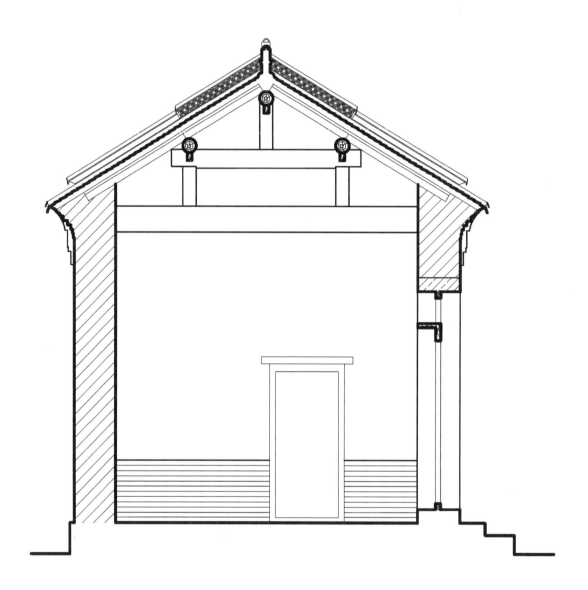

淑信门东跨院南厢房剖面图

0   40   80   120cm

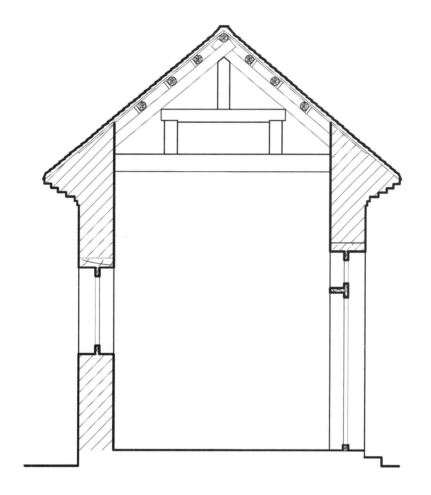

淑信门东跨院南厢房耳房剖面图

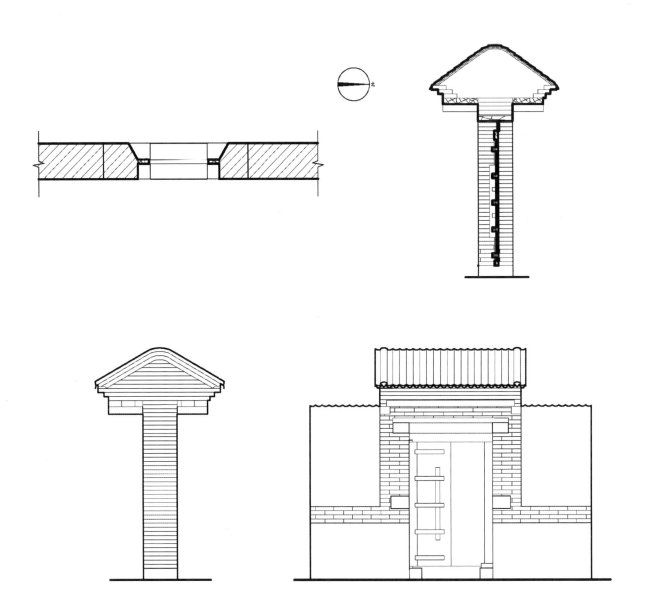

0   50   100   150cm

淑信门东跨院二门平面、正立面、侧立面、剖面图

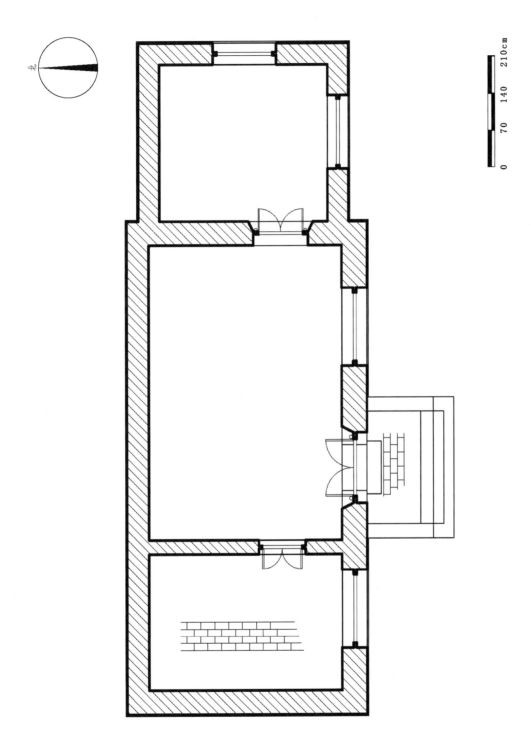

北

210cm

140

70

0

淑信门二进院正房及耳房平面图

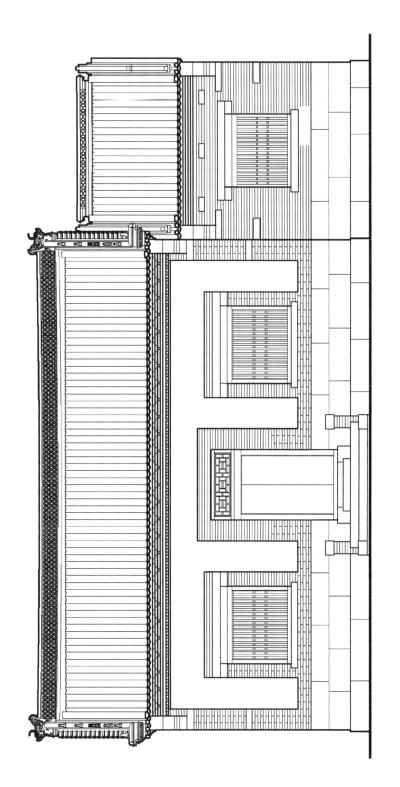

淑信门二进院正房及耳房南立面图

210cm

140

70

0

淑信门二进院正房及耳房东立面图

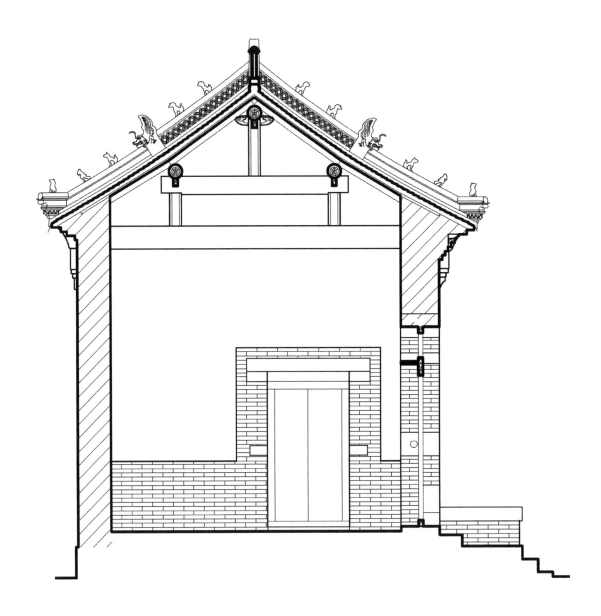

0　　50　　100　　150cm

淑信门二进院正房剖面图

淑信门二进院正房耳房剖面图

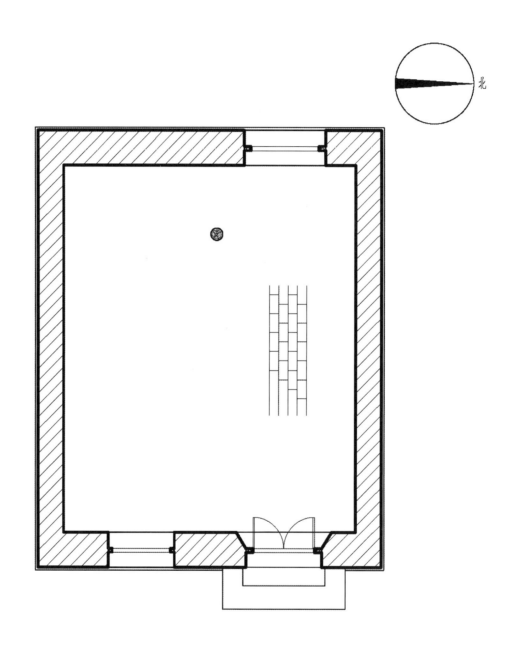

北

0　55　110　165cm

淑信门二进院西厢房平面图

0   45   90   135cm

淑信门二进院西厢房东立面图

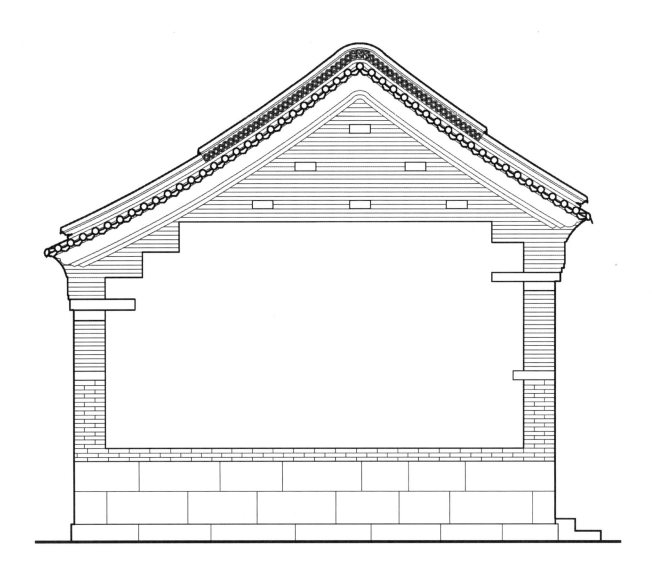

淑信门二进院西厢房南立面图

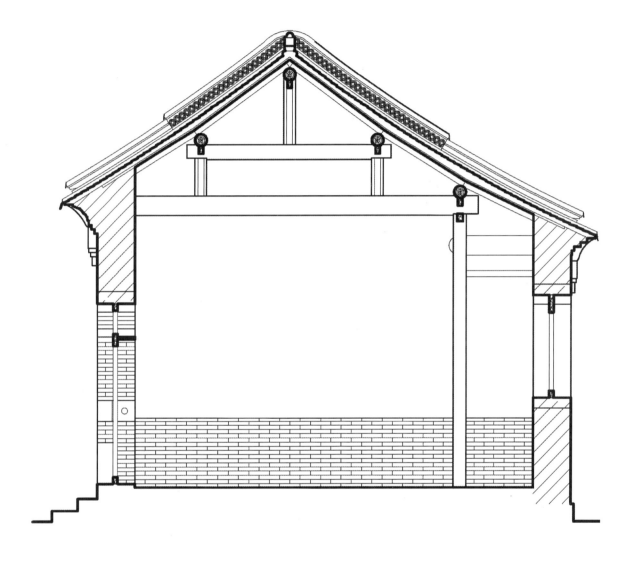

淑信门二进院西厢房剖面图

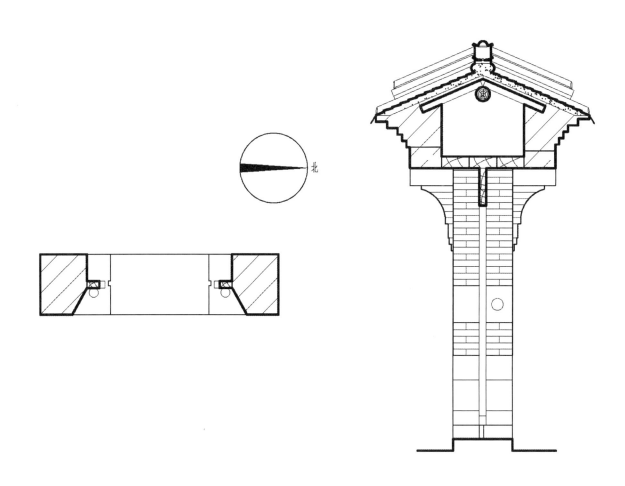

北

0   30   60   90cm

淑信门二进院院门平面、剖面图

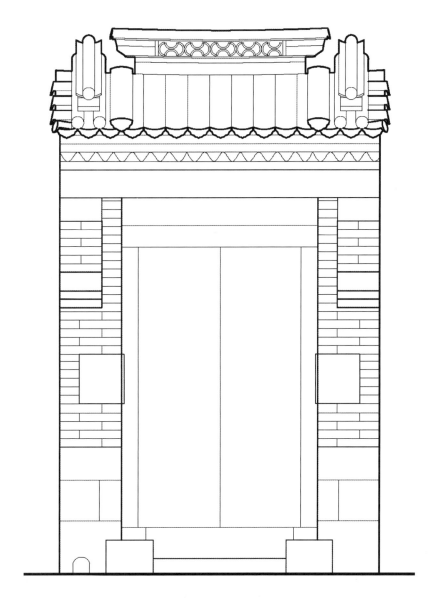

淑信门二进院院门西立面图

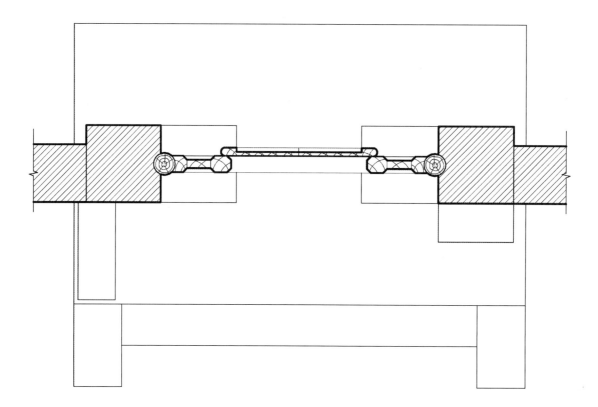

怀隐园大门平面图

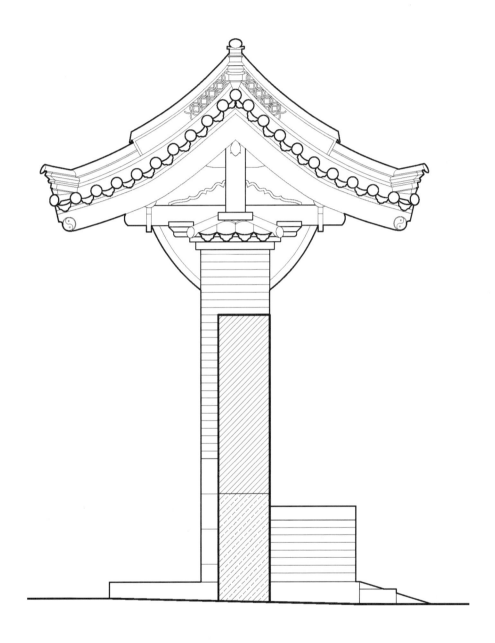

怀隐园大门东立面图

0   30   60   90cm

怀隐园大门北立面图

0   35   70   105cm

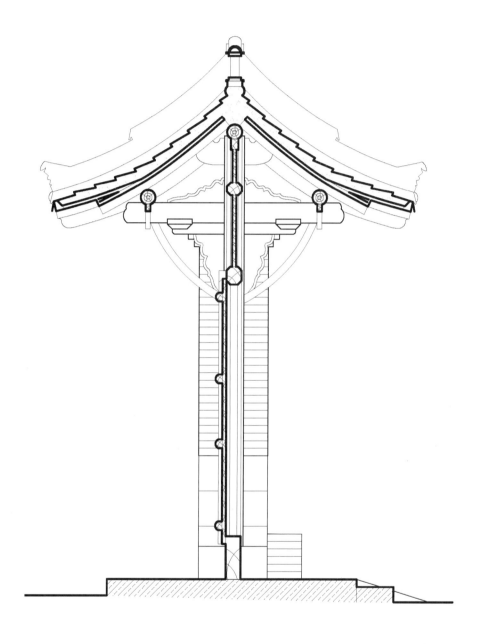

怀隐园大门剖面图

0　　30　　60　　90cm

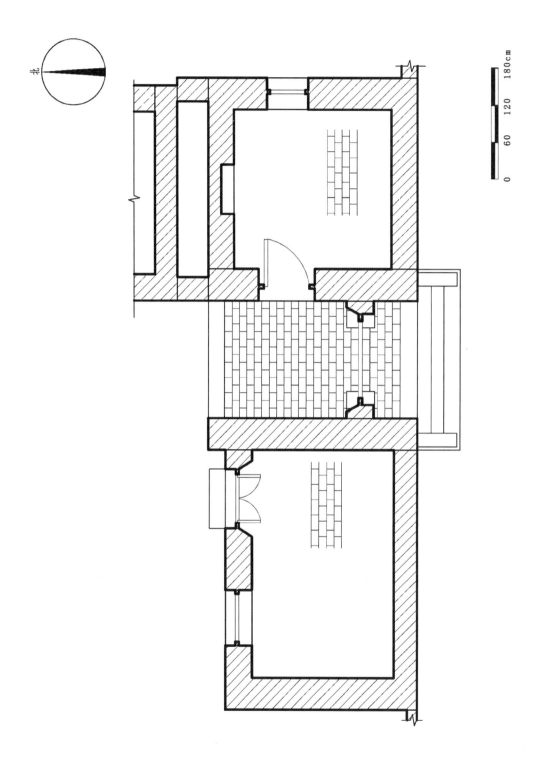

北

180cm
120
60
0

淑俭门—进院大门、倒座、门房平面图

淑俭门—进院大门、倒座、门房南立面图

180cm

120

60

0

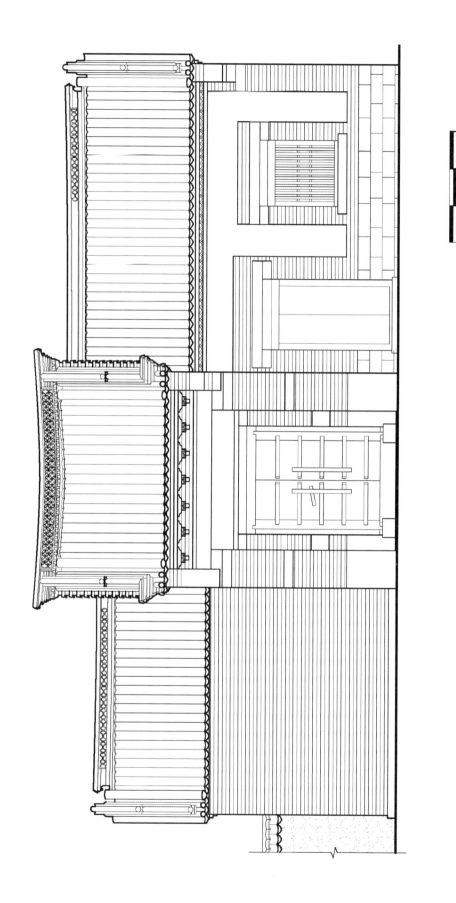

淑俭门一进院大门、倒座、门房北立面图

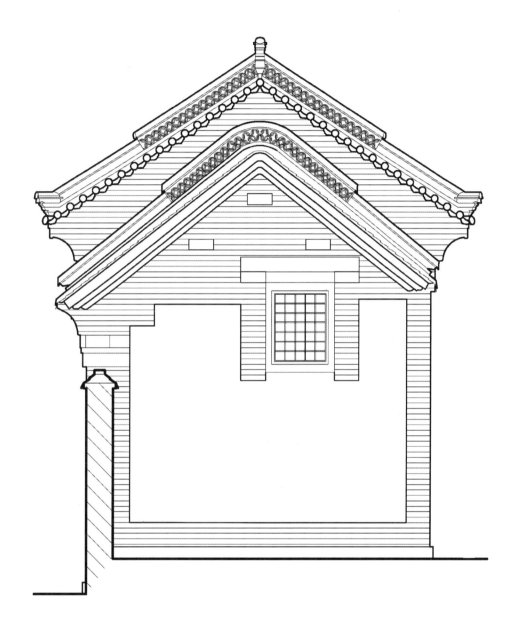

0　　40　　80　　120cm

淑俭门一进院门房东立面图

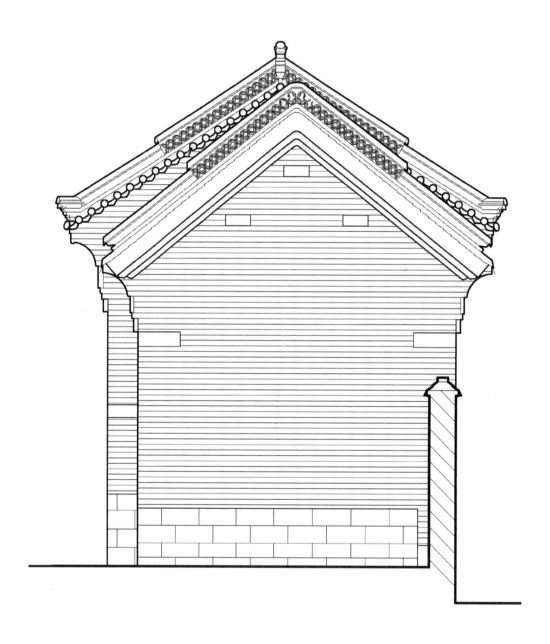

淑俭门一进院倒座西立面图

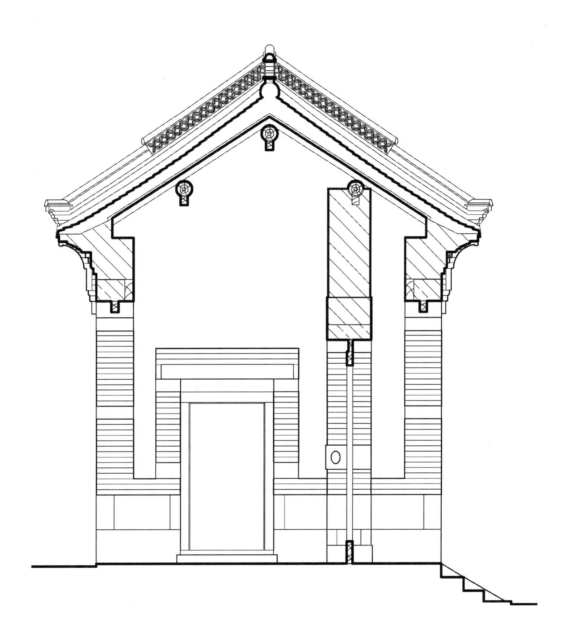

淑俭门一进院大门剖面图

0   40   80   120cm

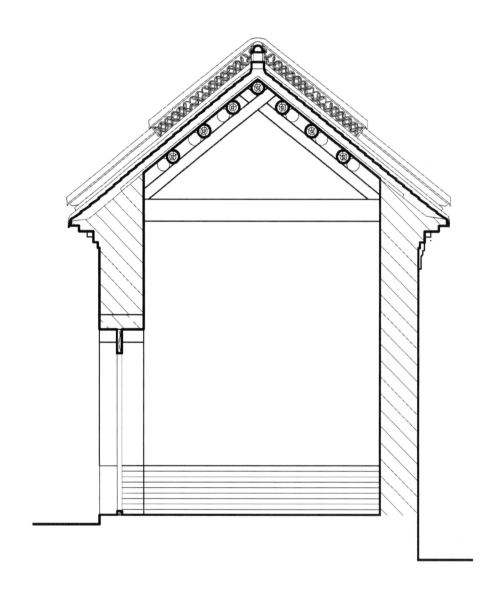

0   40   80   120cm

淑俭门一进院倒座剖面图

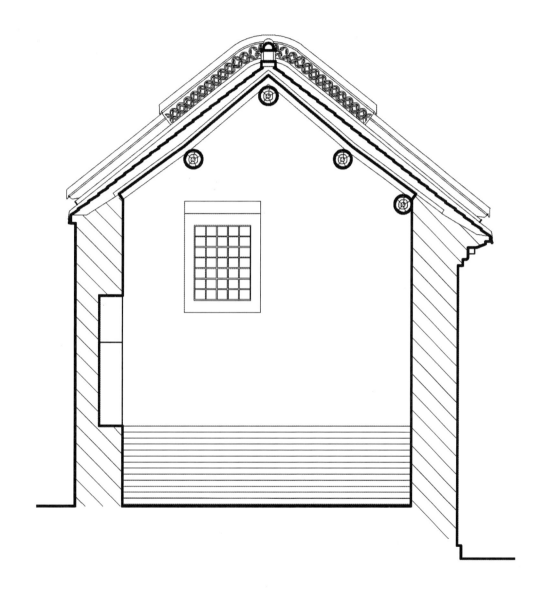

淑俭门一进院门房剖面图

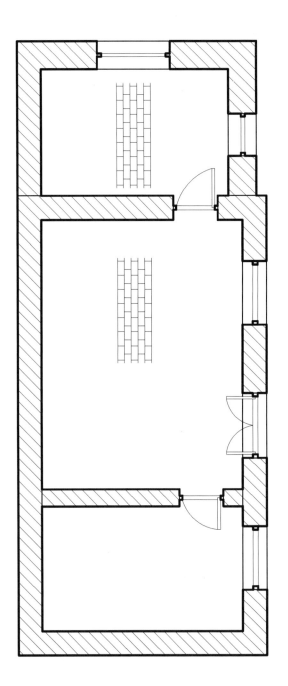

淑俭门一进院正房及耳房平面图

240cm

160

80

0

北

332

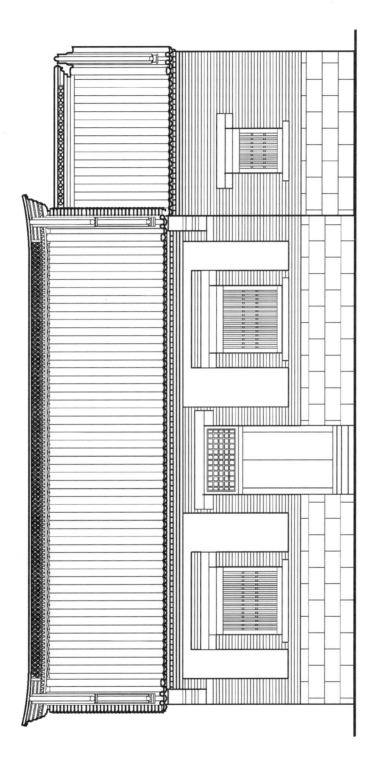

淑伶门一进院正房及耳房南立面图

0　　70　　140　　210cm

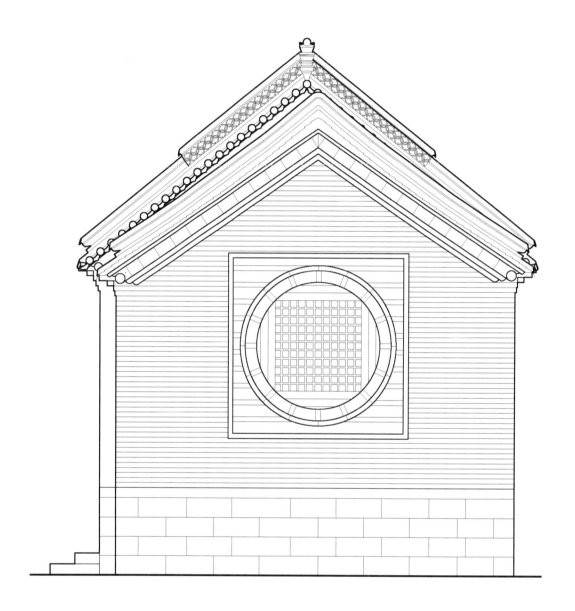

0　45　90　135cm

淑伣门一进院正房及耳房东立面图

淑俭门一进院正房及耳房北立面图

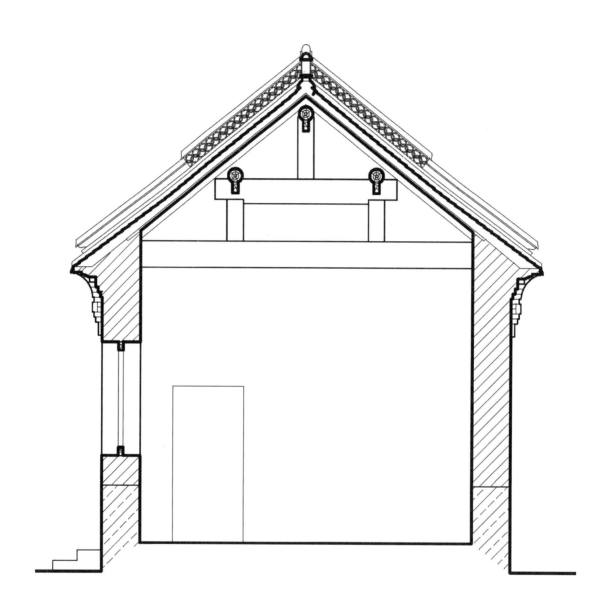

0   45   90   135cm

淑俭门一进院正房剖面图

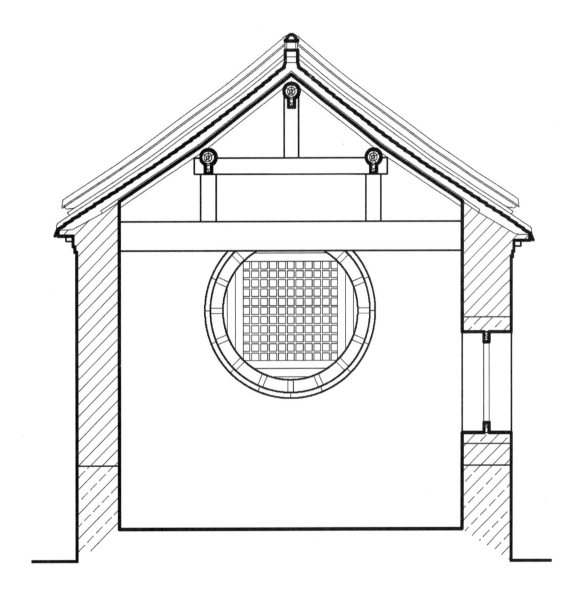

淑俭门一进院正房耳房剖面图

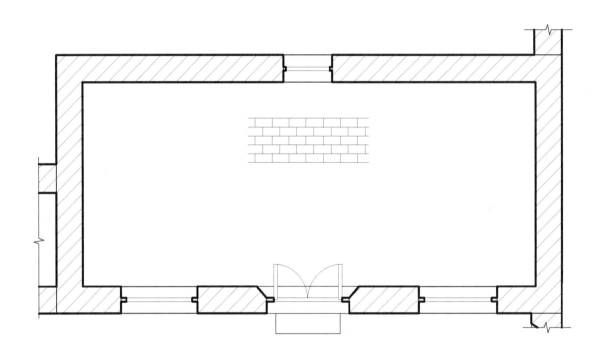

淑俭门二进院倒座平面图

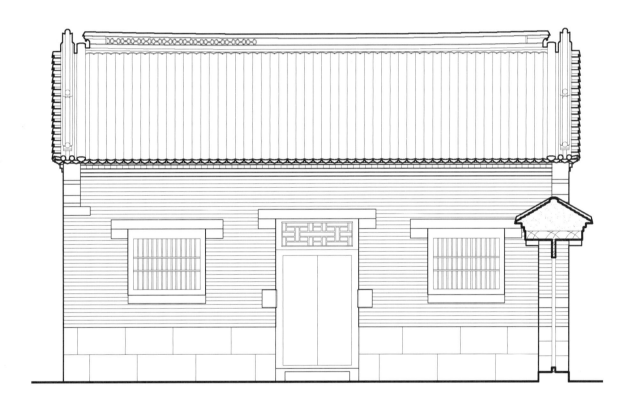

淑俭门二进院倒座北立面图

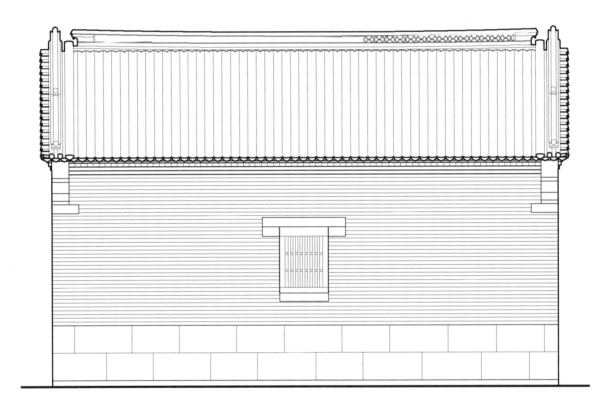

0　　60　　120　　180cm

淑俭门二进院倒座南立面图

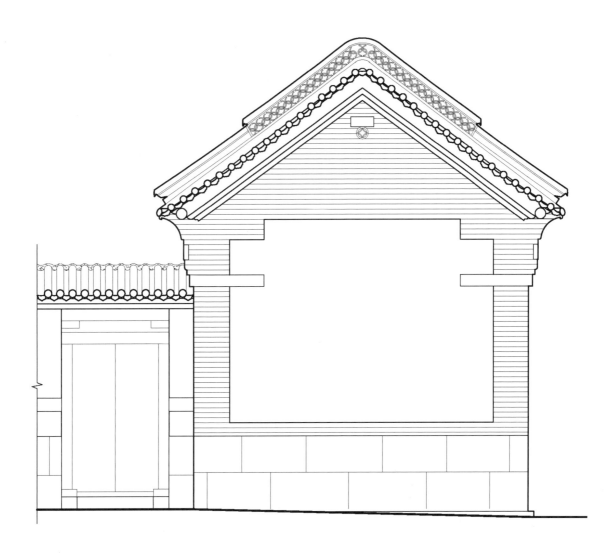

淑俭门二进院倒座西立面图

0   40   80   120cm

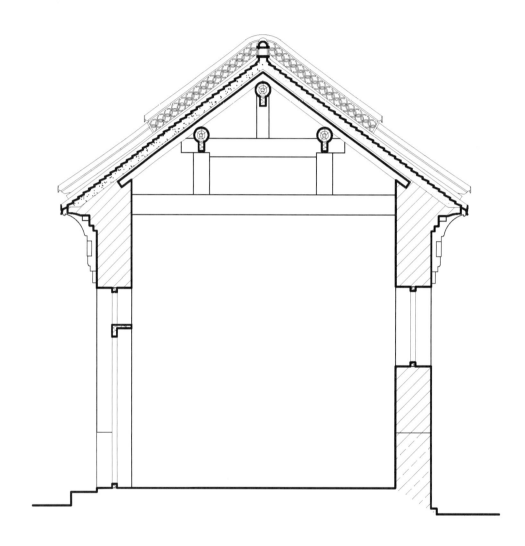

0　　40　　80　　120cm

淑俭门二进院倒座剖面图

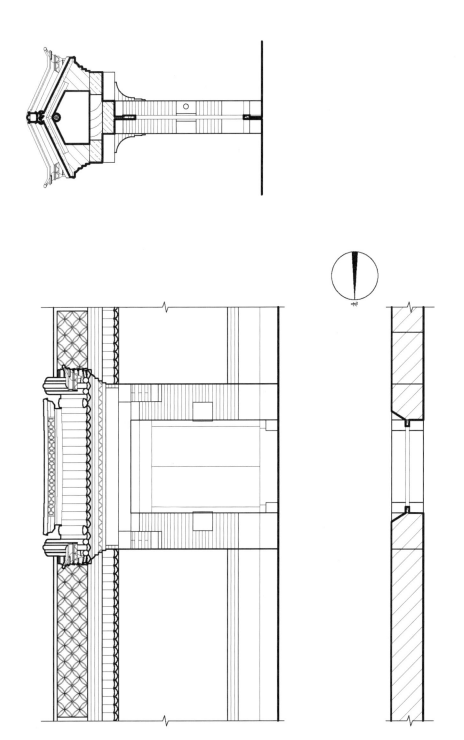

淑春门二进院院门平面、西立面、剖面图

0 55 110 165cm

北

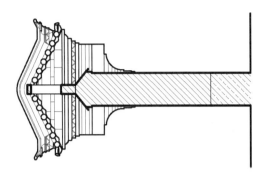

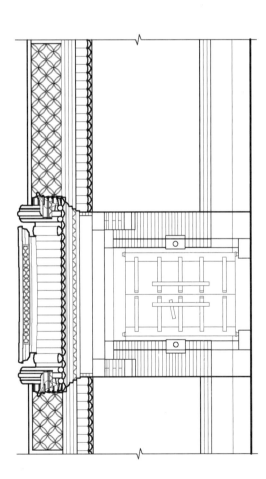

淑俭门二进院院门东立面、北立面图

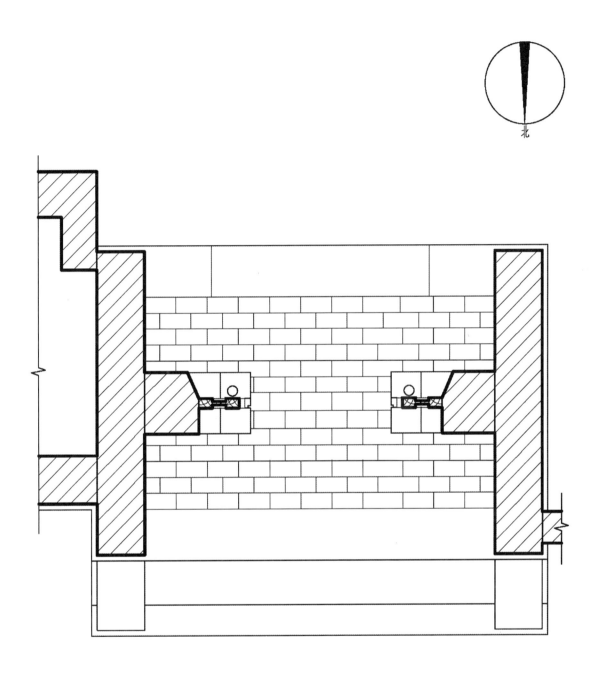

北

0　　35　　70　　105cm

亚元府大门平面图

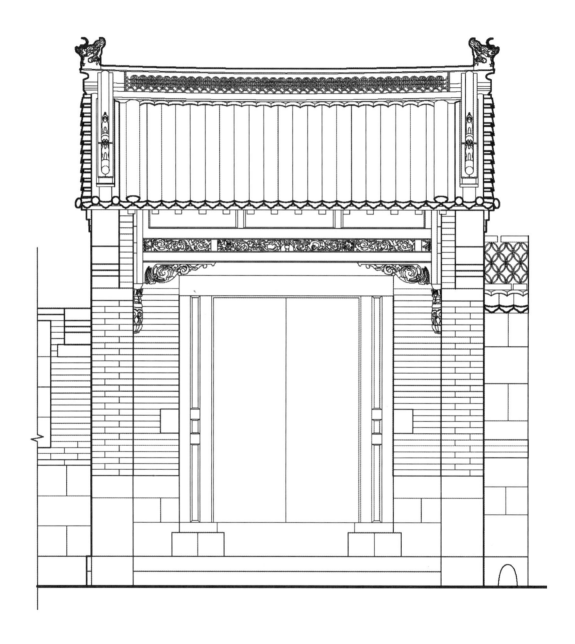

0　　35　　70　　105cm

亚元府大门北立面图

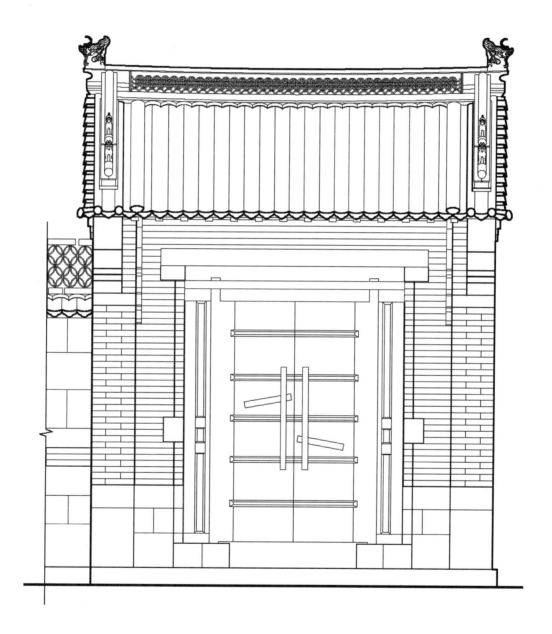

亚元府大门南立面图

0　　35　　70　　105cm

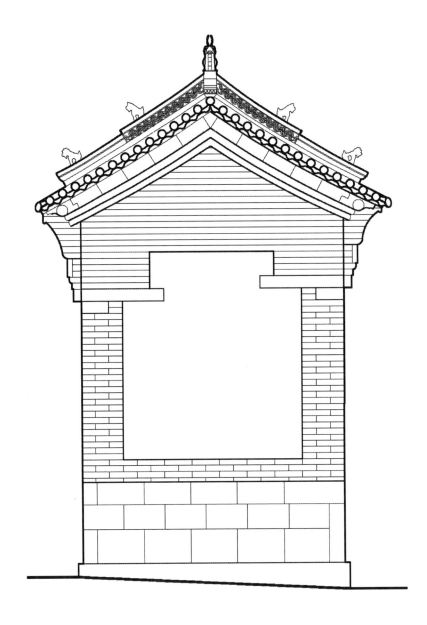

亚元府大门东立面图

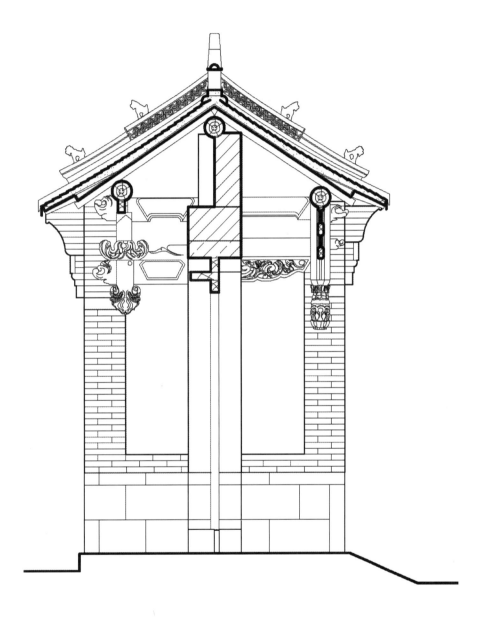

0　　35　　70　　105cm

亚元府大门剖面图

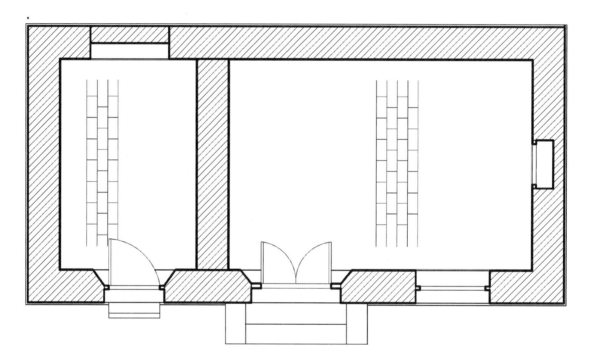

悦屾门二进院东厢房平面图

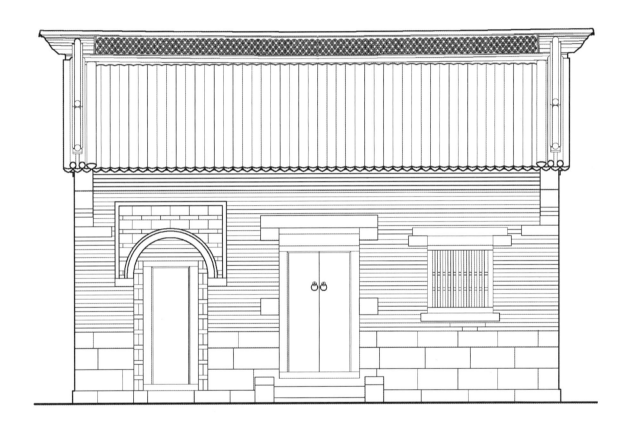

0　　50　　100　　150cm

悦岫门二进院东厢房西立面图

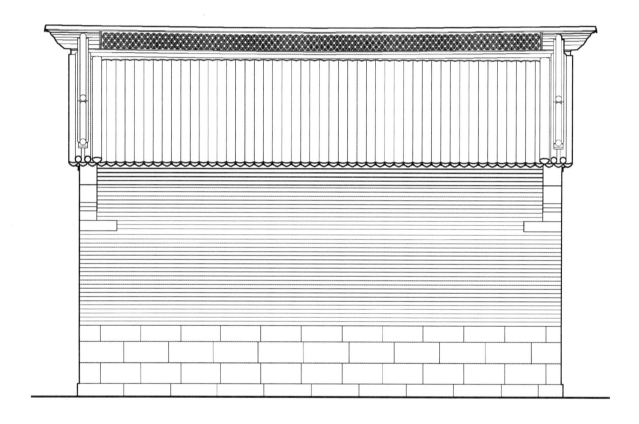

0　　50　　100　　150cm

悦屾门二进院东厢房东立面图

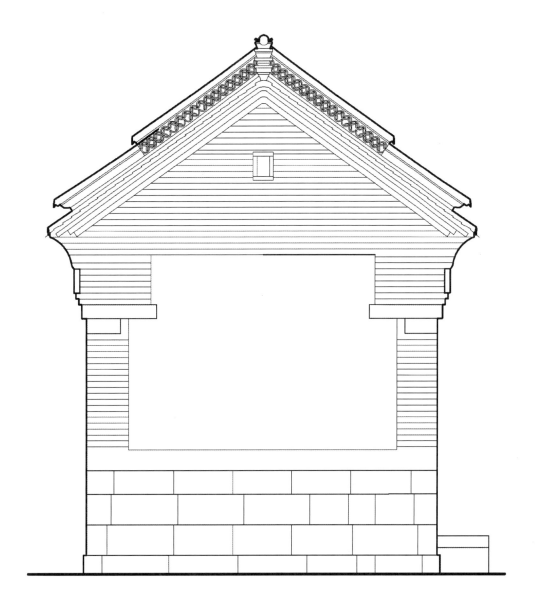

悦岫门二进院东厢房北立面图

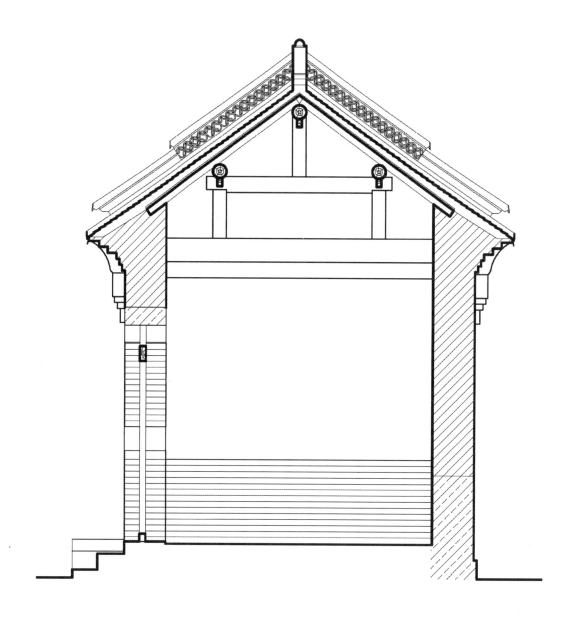

0　　35　　70　　105cm

悦屾门二进院东厢房剖面图

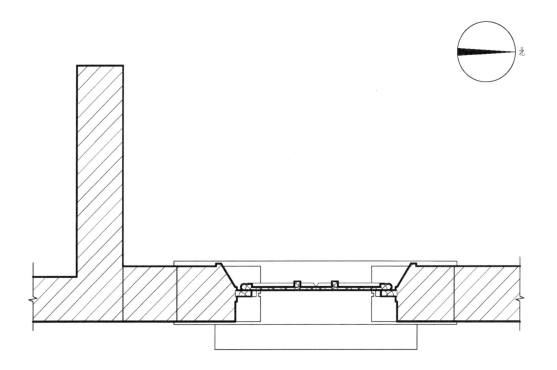

北

0   35   70   105cm

悦溪门大门平面图

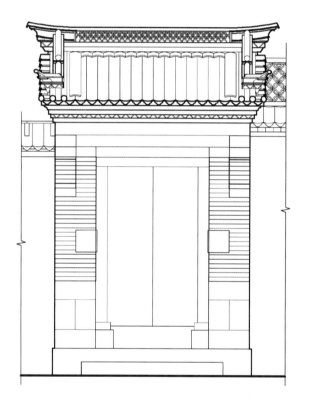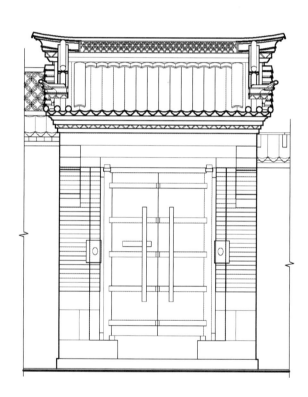

悦溪门大门东立面、西立面图

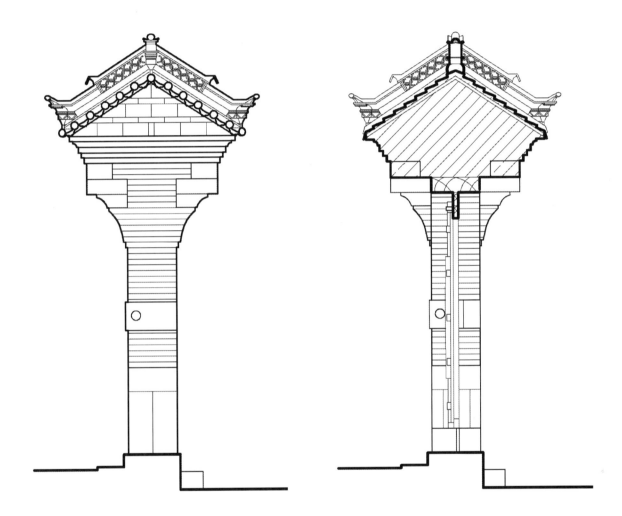

0   35   70   105cm

悦溪门大门南立面、剖面图

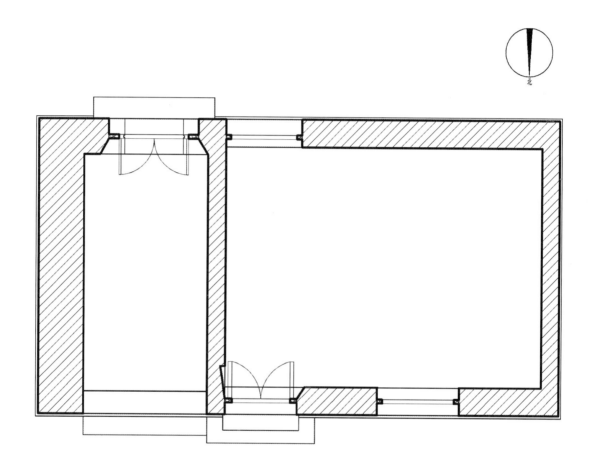

悦徯门二门及倒座平面图

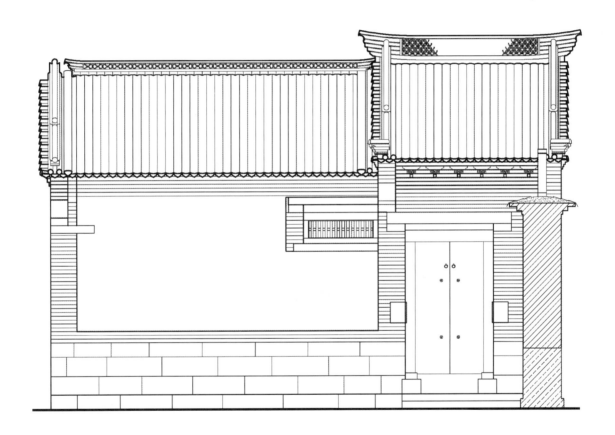

0   60   120   180cm

悦徯门二门及倒座南立面图

悦溪门二门及倒座北立面图

悦溪门二门剖面图

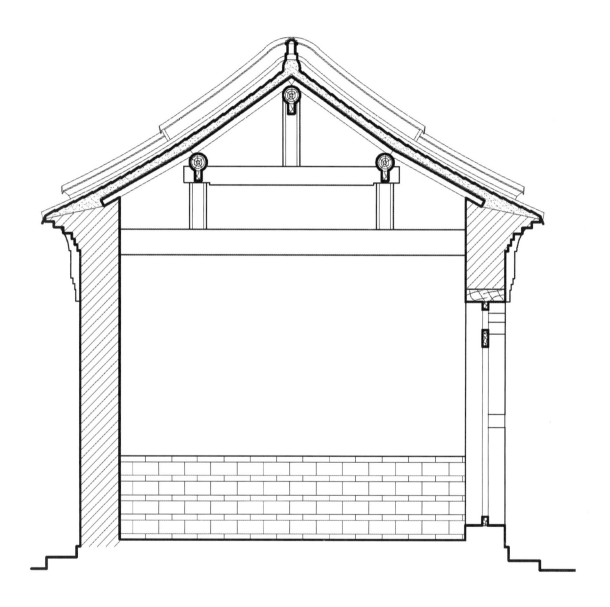

0   40   80   120cm

悦溪门二门倒座剖面图

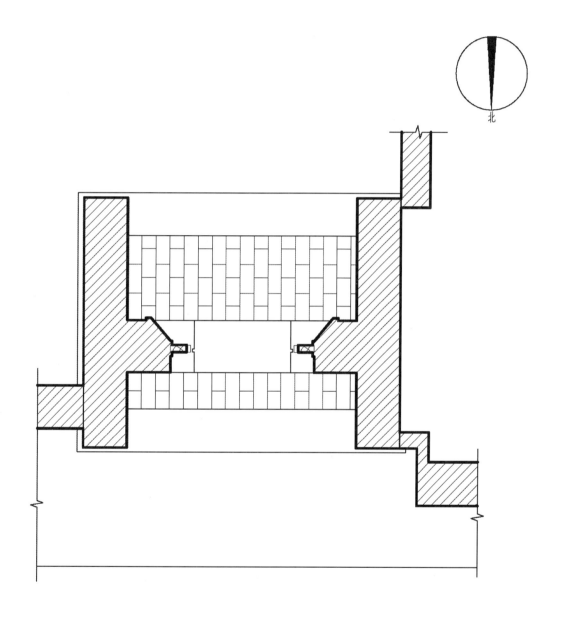

北

0　　35　　70　　105cm

悦德门大门平面图

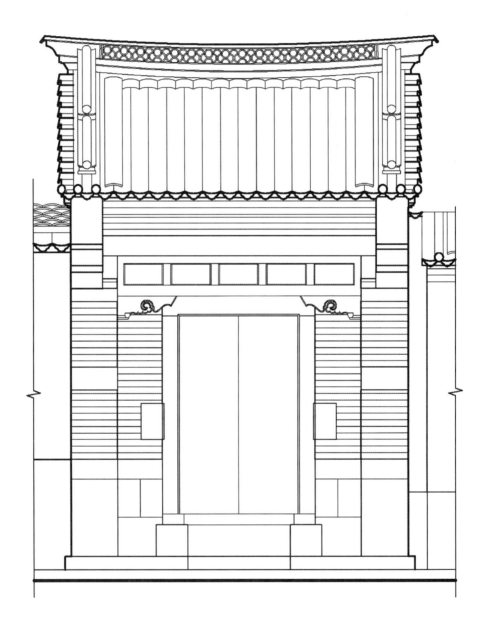

悦德门大门北立面图

0　　35　　70　　105cm

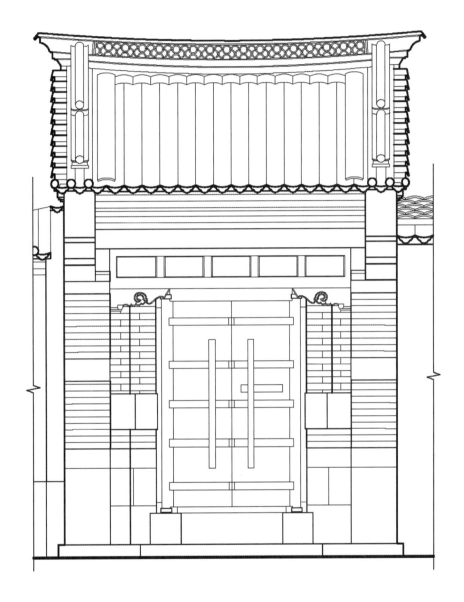

悦德门大门南立面图

0　　35　　70　　105cm

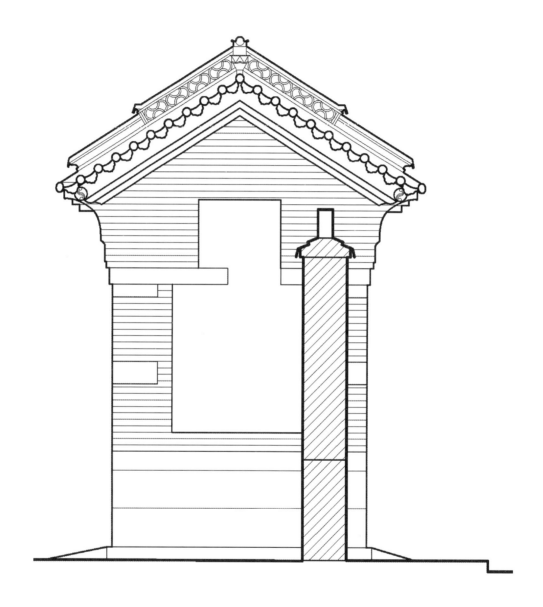

0   35   70   105cm

悦德门大门东立面图

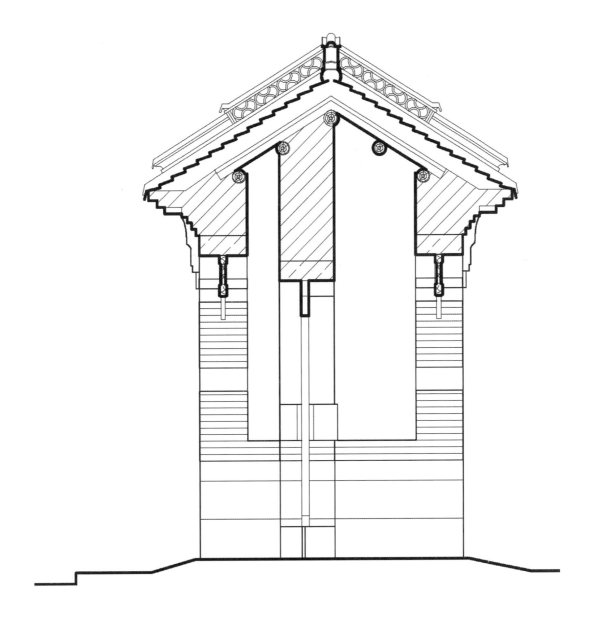

悦德门大门剖面图

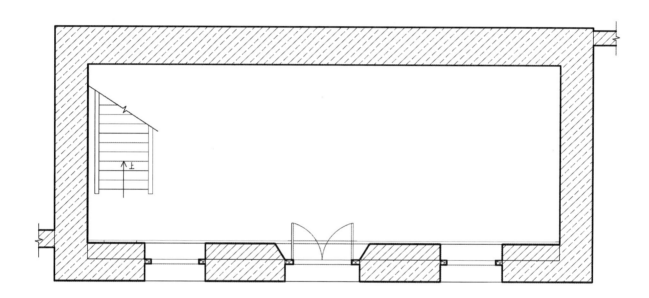

0   60   120   180cm

悦衡门正房一层平面图

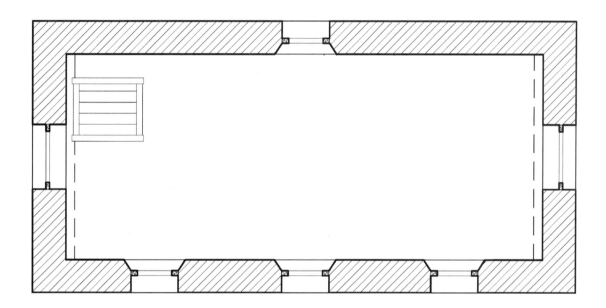

悦衡门正房二层平面图

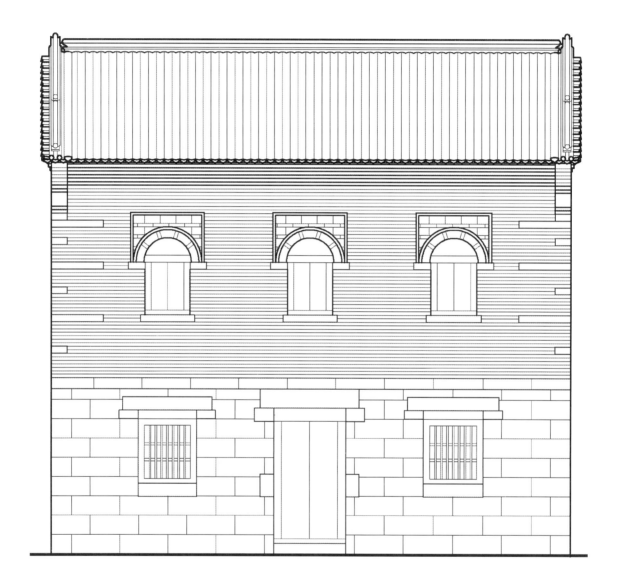

悦衡门正房南立面图

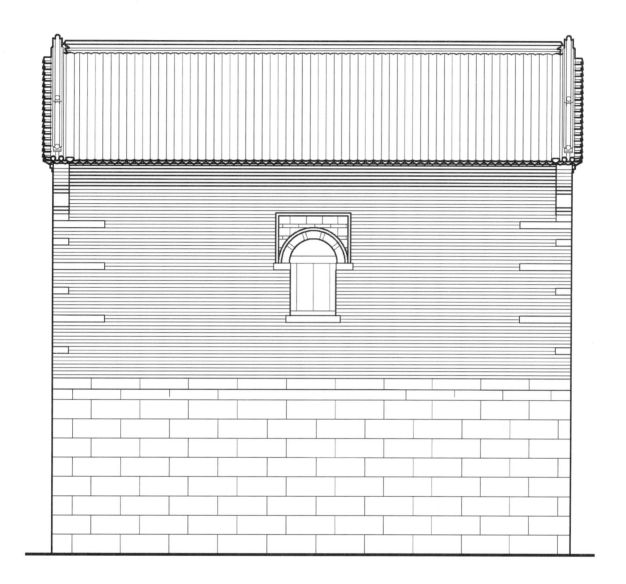

悦衡门正房北立面图

悦衡门正房东立面图

0　　60　　120　　180cm

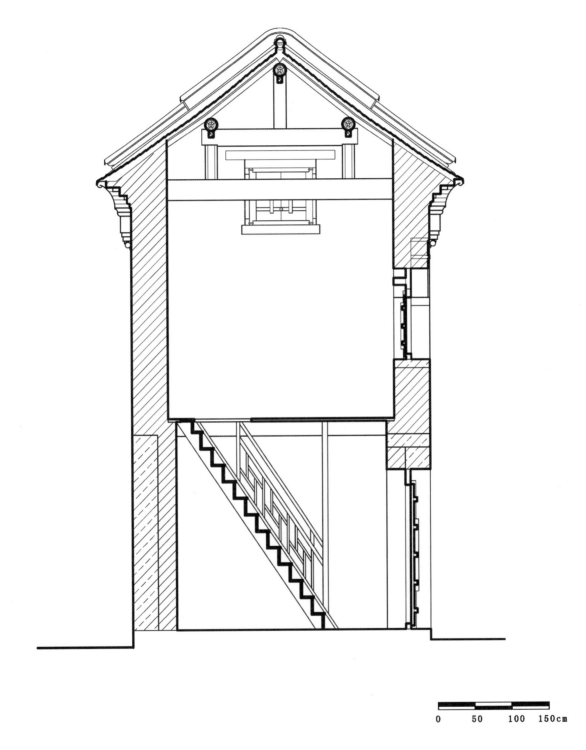

悦衡门正房剖面图

梁思成：《清式营造则例》，清华大学出版社 2006 年版。

马炳坚：《中国古建筑木作营造技术》，科学出版社 2003 年版。

刘大可：《中国古建筑瓦石营法》，中国建筑工业出版社 1993 年版。

杜仙洲：《中国古建筑修缮技术》，中国建筑工业出版社 2014 年版。

钱杭：《中国宗族制度新探》，香港中华书局有限公司 1994 年版。

王其亨：《风水理论研究》，天津大学出版社 1992 年版。

山东省淄博市周村区王村镇李家疃村志编撰委员会编：《李家疃村志》，方志出版社 2017 年版。

陈江风：《中国传统文化导论》，北京航空航天大学出版社 2010 年版。

姜波：《山东民居概述》，97 海峡两岸传统民居理论（青年）研讨会论文选登，1997 年。

天一阁藏明代方志选刊：《嘉靖淄川县志》。

孙华：《传统村落保护的学科与方法——中国乡村文化景观保护与利用刍议之二》，《中国文化遗产》2015 年第 5 期。

万敏、黄雄、温义：《活态桥梁遗产及其在我国的发展》，《中国园林》2014 年第 2 期。

郑鑫：《传统村落保护研究——以江西省湖州村为例》，博硕《中国优秀硕士学位论文全文数据库》，2014 年。

赵勇、唐渭荣、龙丽民、王兆芳：《我国历史文化名城名镇名村保护的回顾和展望》，《建筑学报》2012 年第 6 期。

后记

　　本书旨在已取得工作成果的基础上探索李家疃古建筑群保护理念、分享保护经验和收获,希冀能为同行开展文化遗产保护工作提供借鉴,为对李家疃村及相似类型传统村落感兴趣的读者提供一个较为全面的认识视角。

　　李家疃古建筑群保护及本书编写工作得到了省、淄博市、周村区各级文物主管部门领导、专家们的大力支持,在此深表感谢。特别感谢省文物局原副局长由少平、省文物局文物保护处倪国圣处长、禚柏红副处长的悉心指导及省文物科技保护中心原主任孙博、广西省文物保护研究设计中心原主任张宪文大力支持,感谢王村镇政府宋玉玲主任、李家疃村委邓永荣书记、王荣顺书记和王荣元先生为我们提供丰富的素材和资料。

　　本书的编写过程中得到了李家疃村委的大力帮助和配合,出版过程中得到山东大学出版社的大力支持,在此一并感谢。

　　由于编者学术水平有限,不妥及疏漏之处在所难免,敬请各位专家、读者指正。

编　者

2018 年 10 月